전설의 자동차 150

우리에게 특별함으로 남은 것을 왜 '전설'이라고 부를까요?
역사에 기록을 남긴 자동차들을 떠올려볼까요?

전설의 자동차 150

탈것
도서관 2

세상에서 가장 특별한
자동차 이야기

임유신 지음

LEGENDARY
CARS 150

LEGENDARY
CARS 150
LEGENDARY
CARS 150
LEGENDARY
CARS 150

이케이북

이 책의 구성

자동차 이름

자동차 브랜드(회사) 이름

자동차 제작 연도

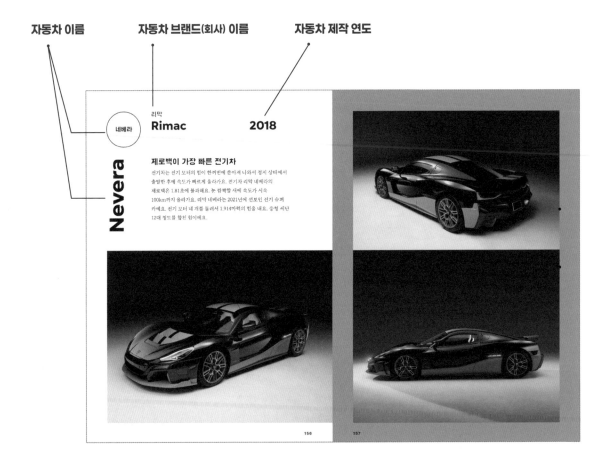

네베라

리막
Rimac   2018

제로백이 가장 빠른 전기차

전기차는 전기 모터의 힘이 한꺼번에 쏟아져 나와서 정지 상태에서
출발한 후에 속도가 빠르게 올라가요. 전기사 리막 네베라의
제로백은 1.81초에 불과해요. 눈 깜빡할 새에 속도가 시속
100km까지 올라가요. 리막 네베라는 2021년에 선보인 전기 슈퍼
카예요. 전기 모터 네 개를 돌려서 1,914마력의 힘을 내요. 중형 세단
12대 정도를 합친 힘이에요.

Nevera

본문
세상에서 가장 특별한
자동차 이야기

뜻
전문 용어와
원리 풀이

이미지
본문의 설명을 돕는 200
여 장의 자동차 이미지

에바이야 로터스
Lotus **2020**

전기차 중에 힘이 가장 세요

자동차의 힘은 출력으로 나타내는데, 단위는 마력이에요. '말 한
마리가 내는 힘'이라고 해서 '말 마력' 자를 써서 마력이라고
해요. 실제로는 75kg의 물체를 1초에 1m만큼 올리는 힘을
나타내요. 로터스 에바이야는 전기 하이퍼 카예요. 출력은 무려
2,000마력이에요. 성인 남자의 몸무게를 75kg이라고 한다면,
2,000명을 1초 동안 1m만큼 들어 올리는 엄청난 힘이에요.

출력
엔진이 돌아가는 것을
'일한다'고 표현해요.
정해진 시간에 얼마만큼
일을 해내는지가 중요해요.
출력은 엔진이 1초에 해낼
수 있는 일의 양을 나타내요.
자동차가 낼 수 있는 가장
큰 힘은 '최고 출력'이라고
해요.

Evija

160   161

저자 주

자동차 이름은 대부분 로마자 알파벳 또는 알파벳과 숫자 조합으로 되어 있어요. 나라마다 사용하는
언어에 따라 자동차 이름이나 숫자를 읽는 법이 달라져요. 이 책에서는 자동차 이름을 국내에 진출한
해당 모델 회사에서 공식 사용하는 표시를 기준으로 정리했어요. 국내에 진출하지 않은 회사의
모델은 자동차 분야에서 일반적으로 부르는 명칭을 따랐어요.

기록으로 읽는 자동차의 놀라운 순간들

자동차는 1886년에 카를 벤츠가 발명했어요

최초의 사진이 찍힌 1826년보다는 늦었지만, 자동차는 140년 정도 되는 긴 역사를 이어오고 있어요. 그동안 지구상에 나온 자동차의 종류는 수만 대가 넘어요. 수많은 차가 나왔다가 사라졌죠. 차의 종류도 다양해요. 작은 차와 큰 차, 싼 차와 비싼 차, 사람이 타는 차와 짐을 싣는 차, 대중 차와 고급 차, 일반 자동차와 경주용 자동차 등 매우 다양한 목적과 형태로 역사의 한 순간을 장식했어요. 자동차가 사라졌다고 해서 완전히 없어지지는 않아요. 폐차장에서 분해되어 진짜 없어지기도 하지만, 아직도 어딘가에 남아 있거나 사람들의 기억 속을 떠나지 않는 차도 많아요. 특히 역사적으로 중요하거나 희귀한 차는 수집가의 창고나 박물관에서 귀한 대접을 받으며 처음 나왔을 때 상태 그대로 유지하고 있어요. 설사 실물은 없을지라도, 나왔을 당시 크게 이름을 떨쳤거나 인상적인 활동을 펼친 자동차는 여전히 기억 속의 한 자리를 차지해요.

14개의 주제에서 세계 최고로 꼽힌
자동차의 특징과 사진을 담았어요

이 책에서는 인상적인 특징을 보여줬거나 기억에 남을 만한 큰 활동을 펼친 자동차를 골랐어요. 자동차 초창기부터 현재까지 아우르는 시대에서 150대를 추렸어요. 140년 역사 동안 나온 수만 종의 차 중에서 이 150대가 훌륭한 차 1위부터 150위까지라는 말은 아니에요. 특정한 기준에 맞는 차인 거죠. 여기 나온 차보다 더 훌륭하고 멋진 차도 많이 있어요. 그 차들은 다른 기준에서 더 멋진 특성을 보여줘요. 이 책에 나온 150대를 보면 자동차라는 존재가 사람이나 짐을 실어 나르는 이동 수단에 그치지 않는다는 사실을 알 수 있어요. 마치 지구 위 80억 명 사람의 생김새와 성격이 다 제각각이듯이 자동차도 각기 개성과 특징이 달라요. 키가 크거나 작거나, 얼굴이 길쭉하거나 넓적하거나, 머리숱이 많거나 적거나, 눈이 동그랗거나 가느다랗거나…. 사람의 외형 특징이 차이가 나듯이 자동차도 서로 다른 특징을 드러내요. 수명이 짧거나 길거나, 달리기를 잘하거나 못하거나, 주변 사람에게 인기가 많거나 적거나…. 사람의 능력이나 평판이 다르듯이 자동차도 성능이나 시장에서 받는 평가는 천차만별이에요.

140년의 자동차 역사를 읽을 수 있는 사진집이에요

세계 최초의 사진은 프랑스의 조제프 니세포르 니엡스가 1826년에 찍었어요. 사진 한 장 찍는 데 8시간이나 걸렸다고 하죠. 200여 년이 지난 지금, 사진은 일상의 한 부분이 되었어요. 매일 들고 다니는 스마트폰으로 언제 어디서나 간편하게 마음대로 사진을 찍을 수 있어요. 지금은 사진이 전자 파일로 되어 있어서 주로 스마트폰이나 컴퓨터 모니터로 봐요.

이런 사진이 있었기에 150대의 자동차가 역사의 기록으로 남았어요. 이 책에서 멋진 자동차를 독자 여러분께 소개할 수 있는 것도 사진 덕분이죠. 여러분의 스마트폰이나 컴퓨터에 자동차 초창기부터 지금까지 나온 모델 사진 몇만 장이 모두 있다고 가정해보세요. 보고 싶은 사진만 골라내든가 정리해야 하는 상황이라면 시작할 엄두가 안 나죠. 여러분을 대신해 정리 작업을 했어요. 140년 자동차 역사에 쌓인 수많은 자동차 중에서 고르고 골랐어요. 150종은 자동차 역사에서 극히 일부분에 불과하지만, 담긴 의미는 다른 어떤 차보다 깊어요. 이 사진을 보면서 자동차에 관심을 가지고 꿈을 키우는 계기가 되길 바랄게요.

2025년 1월
임유신

차례

LEGENDARY CARS 150

1부
크기

자동차는 다른 제품과 비교하면 크기가 커요. 스마트폰은 손으로
쥘 수 있고 컴퓨터는 책상에 올려놓아도 되지만 자동차는 그럴 수
없어요. 기본적으로 사람 여러 명이 타야 하는 공간을 갖춰야 해서
크기가 클 수밖에 없어요. 큰 제품에 속하는 자동차도 모델마다 크기는
천차만별이에요. 사용하는 목적, 도로 환경, 자동차 회사 안에서
차지하는 위치, 가격 등 여러 가지 요소에 따라서 크기도 달라져요.
크기가 크면 실내 공간이 넓어서 더 편하게 타고 다닐 수 있지만,
무게가 무거워져서 기름을 많이 먹고 움직임도 둔해져요. 작으면 공간
여유는 덜하지만 움직임이 재빠르고 기름도 적게 먹어요. 사람이 적게
타도 되는 차는 크기가 작아도 되지만, 여러 명을 태우려면 커야 해요.
얼마나 크냐에 따라 성격이나 특성이 달라지므로 자동차를 개발할
때는 크기를 어떻게 정하느냐가 중요해요. 요즘에는 큰 차를 원하는
사람이 늘어서 자동차의 크기도 점점 커지고 있어요.

프로브
Probe

프로브
16

1969

지붕 달린 차 중에서 키가 작은 스포츠카

림보라는 게임이 있어요. 줄을 일정한 높이에 맞춰 놓고 사람이 허리를 뒤로
굽혀 지나가는 게임이에요. 머리나 등이 땅바닥에 닿으면 실패하는 거예요.
놀랍게도 거의 바닥에 닿을 정도로 몸을 젖혀서 지나가는 사람도 있어요.
자동차의 지붕이 낮으면 림보 하듯이 거의 눕다시피 한 자세로 차를 타야 해요.
스포츠카 프로브 16의 높이는 86cm에 불과해요. 작은 차의 대명사인 경차의
높이도 150cm 정도이니 프로브 16이 얼마나 낮은지 알 수 있어요.

Probe 16

© edvvc

포투

스마트
Smart

1998

휠베이스

Fortwo

휠베이스가 짧은 소형차

자동차를 설명할 때 '바퀴 위에 상자를 올린 구조'라고 말해요.
자동차는 바퀴 없이는 굴러가지 못해요. 네 개의 바퀴가 딱
지탱해야 땅에 바른 자세로 서 있어요. 자동차에서 사람이 타는
공간을 자세히 보면, 바퀴가 공간을 뺏지 않아요. 바퀴가 그만큼
떨어져 있어야 실내 공간을 확보할 수 있어요.

1998년에 나온 스마트 포투라는 자동차의 길이는 2.5m밖에
되지 않아요. 앞뒤 바퀴 사이의 거리인 휠베이스는 1.8m를 조금
넘겨요. 작은 차인 경차의 휠베이스도 2.4m 정도는 돼요. 포투는
바퀴가 차의 네 모퉁이 거의 끝에 달려 있는데, 휠베이스를
최대한 확보하기 위해 최대한 바깥으로 빼내서 그래요.

휠베이스
앞바퀴의 중심과 뒷바퀴의
중심 사이의 거리를 말해요.

마이바흐
Maybach

2002

Maybach 62

리무진이 아닌데도 긴 자동차

리무진은 일반 차의 길이를 늘인 자동차예요. 차체 가운데를 잘라서
그사이에 사람 타는 좌석을 한 줄이나 두 줄 더 만들어요. 리무진은
아닌데 처음부터 길게 나오는 차도 있어요. 여러 사람이 타도록 좌석을
늘리지도 않아요. 실내 구조는 일반 차와 같으면서 길게 늘여서 공간을
최대한 넓게 확장해요. 마이바흐 62는 길이가 6.2m나 돼요. 5m만
넘어도 긴 차 취급받는데, 리무진도 아니면서 길이가 6m가 넘어요.
이름에도 아예 6.2m라는 뜻으로 62라는 숫자를 붙였어요.

커뮤터카
Commuter Cars 2005

너비가 1m도 되지 않는 자동차

자동차를 꼭 두 사람이 좌우로 앉게 만들지 않아도 돼요. 한 명이 앉는 자동차
또는 두 명이 앞뒤로 타는 자동차도 얼마든지 만들 수 있어요. 운전석 옆에
좌석이 없이 한 명이 앉는 자동차의 너비는 최소한 얼마가 되어야 할까요?
신체에서 너비가 가장 넓은 부분은 어깨예요. 성인 남성의 어깨너비는 평균
40cm 정도예요. 한 명이 앉는 자동차의 너비는 어깨너비, 문짝 두께, 어깨와
문짝 사이의 공간을 합해서 정해야 할 거예요. 탱고 T600이라는 자동차는
2인승이지만 앞뒤로 한 명씩 앉는 구조예요. 너비는 990mm로 1m가 채 되지
않아요. 작다고 여기는 경차의 너비도 1.6m는 돼요. 탱고 T600은 운전석만 있는
자동차의 최소 크기가 어느 정도여야 하는지 보여줘요.

Tango T600

S 600 풀만 가드

메르세데스-마이바흐

Merceds-Maybach

2013

무게가 5t이 넘는 승용차

군인들이 타는 장갑차는 크고 무거워 보여요. 적의 공격을 막아내려고 두꺼운 철판을 쓰고 보호 장비를 이것저것 추가해서 무거울 수밖에 없어요. S 600 풀만 가드는 차체를 길게 늘인 리무진이에요. 총탄 공격에 대비해 문을 두껍게 만들고 유리도 몇 겹짜리를 써서 차의 무게가 많이 늘었어요.

방탄 기능이 없는 일반 S 600 모델도 차체가 크고 장비가 많아서 무게가 거의 3t 가까이 돼요. 방탄 기능을 더한 가드 모델의 무게는 2.1t이 늘어서 5.1t이에요. 보통 1.5t인 중형 세단보다 세 배 넘게 무거워요.

S 600
Pullman Guard

네비게이터

링컨
Lincoln

2018

농구 선수처럼 키 큰 SUV

농구 선수는 일반인보다 키가 커요. 2m가 넘는 선수도 많아요.
자동차도 농구 선수처럼 키 큰 차가 있어요. SUV는 공간을
넓게 쓰는 데 초점을 맞춘 차종이에요. 실내 공간을 위쪽까지
확장해서 키가 커요.

링컨 네비게이터는 차체가 커다란 대형 SUV예요. 차의 높이는
1.94m로 거의 2m에 가까워요. 주변에 흔히 보는 중형 세단의
높이는 1.45m 정도예요. 키 큰 농구 선수는 세단 같은 납작한
차에 타면 몸을 웅크려야 해서 불편해요. 내비게이터처럼 키 큰
SUV라면 농구 선수도 편하게 탈 수 있어요.

에스유브이(SUV, sport utility vehicle)
공간이 넓어 다양한 용도로 활용할 수 있고 험한 길에서 잘 달려 스포츠 활동에 알맞은 자동차를 말해요. 차체 구조를 튼튼하게 만들어 비포장도로를 달리는 데 유리해요.

Navigator

시트로엥
Citroën

2020

경차보다 짧은 초소형차

작은 차의 기준으로 여기는 '경차'의 길이는 3.6m 이하예요. 일본의
경차는 더 짧아서 3.4m를 넘어가면 안 돼요. 경차도 좌석은 두
줄이어서 앞뒤로 두 명씩 또는 앞에 두 명 뒤에 세 명 해서 네 명이나
다섯 명이 탈 수 있어요. 사람이 타는 좌석이 한 줄이라면 차를 더 짧게
만들 수 있어요. 시트로엥 에이미의 길이는 2.41m에 불과해요. 좌석은
한 줄밖에 없고 두 명이 탈 수 있어요. 짐 공간도 작아서 큰 짐을 싣기는
힘들어요. 두 명이 타고 이동하는 데 초점을 맞춘 자동차예요.

Ami

케이터햄
Caterham

2021

Caterham 7 170

무게가 440kg밖에 나가지 않는 자동차

겨울에 두꺼운 옷을 입고 달리기를 해보면 움직임이 둔하게
느껴질 거예요. 평소보다 살이 찌면 말랐을 때보다 움직이기
힘들어요. 몸이 가벼울 때는 움직임도 가뿐하고 경쾌해져요.
자동차도 마찬가지예요. 무게가 가벼우면 더 빠르게 달리고
가뿐하게 움직일 수 있어요. 움직이는 데 힘이 덜 드니 기름도
적게 먹는답니다. 케이터햄 7 170의 무게는 440kg에 불과해요.
가볍다는 경차의 무게도 900kg대이니, 케이터햄 7 170의 무게는
경차의 절반보다도 가벼워요.

람보르기니
Lamborghini　　　2022

너비가 2m가 넘는 자동차

차의 너비가 넓으면 실내 공간에 여유가 커져요. 바퀴가 좌우로 더 벌어지는
만큼 땅바닥에 더 안정적으로 붙어 있어요. 장점만 있지는 않아요. 도로가 좁은
곳에서는 운전하기 불편하고, 주차장에서 차 대기도 힘들어요.
보통 승용차의 너비는 2m를 넘기지 않아요. 흔히 보는 중형 세단의 너비는 1.85m
정도예요. 그런데 요즘에는 큰 차를 좋아하는 사람이 늘면서 자동차 회사도 차를
크게 만들어요. 너비가 2m 넘는 차가 하나둘 늘어나고 있어요.
람보르기니 쿤타치의 너비는 2,099mm나 돼요. 스포츠카여서 높이가 낮은데
너비까지 넓어서 바닥에 붙어 달리는 것처럼 보여요. 가로로 네 명이 앉고
통로까지 있는 버스의 너비도 2.5m를 넘기지 않아요. 가로로 두 명이 앉는
승용차의 너비가 2m를 넘으면 꽤 넓은 거예요.

Countach
LPI 800-4

F-350

F-350

포드
Ford

2022

휠베이스가 긴 픽업트럭

차가 길면 바퀴와 바퀴 사이의 거리인 휠베이스도 길어져요.
픽업트럭은 짐칸이 뒤로 길게 나와 있어서 차의 길이도
길어요. 어떤 픽업트럭은 길이가 7m에 가까워요. 25명이
타는 소형버스의 길이가 7m 정도이니 픽업트럭의 길이가
얼마나 긴지 알 수 있죠. 짐칸의 무거운 짐을 잘 버티려면
바퀴가 적절한 위치에서 짐칸을 받쳐줘야 해요. 포드 F-350의
휠베이스는 4,468mm나 돼요. 준중형 세단의 길이와
맞먹어요.

픽업트럭
뒤에 뚜껑 없는 짐칸이
달린 자동차예요. 물건을
실어 나르는 짐차 역할이
기본이지만, 요즘에는
캠핑이나 여행 등 야외 활동할
목적으로도 사용해요.

2부
모양

자동차 하면 떠오르는 가장 기본적인 모양은 바퀴 네 개 달린
상자예요. 각지고 네모난 모양이 먼저 떠오르죠. 모양이 네모나면
공간을 최대한 활용할 수 있어요. 하지만 공기의 저항을 많이 받아서,
달릴 때 힘도 더 들고 바람과 부딪히는 소리도 커져요. 자동차의
모양은 박스형이 전부는 아니에요. 둥글둥글하거나 뾰족하거나
곡선이거나 날카롭거나 길거나 넓적한 모양 등 매우 다양해요. 이런
여러 모양은 자동차의 성능, 디자인, 기술, 효율성 등 여러 요소와
관련 있어요. 자동차의 모양은 특정한 모델을 구분하는 신분증 역할도
해요. 어떤 자동차는 차체 전체 또는 부분에 특정한 모양을 계속해서
유지해서 고유한 개성으로 삼아요. 특정한 모양을 보면 어떤 차인지
바로 알 수 있어요. 피노키오의 코처럼 앞이 길거나, 동물의 꼬리처럼
뒤가 길거나, 앞뒤가 비슷하게 생기는 등 생각지도 못한 기발하고
다양한 모양이 존재해요.

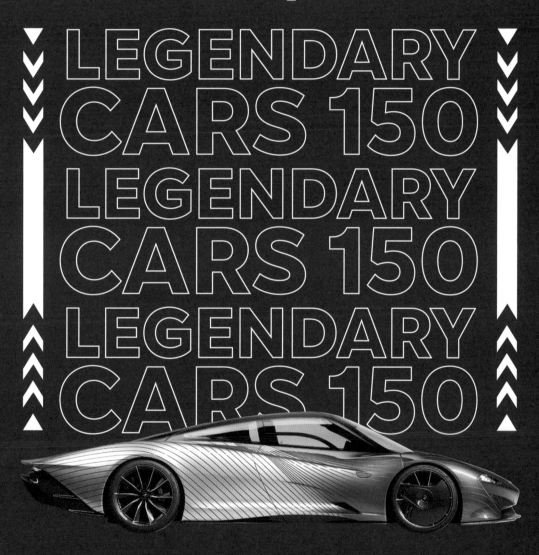

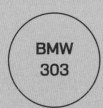

비엠더블유
BMW

1934

뉴트리아의 앞니 같아요

유독 앞니 두 개가 긴 동물이 있어요. 토끼, 다람쥐,
뉴트리아, 비버 등이 앞니가 길어요. 이들은 이빨이
길어지지 않도록 딱딱한 음식을 갈아 먹어요. 그릴 모양에
따라 차의 표정도 달라 보여요. BMW 303의 그릴은 마치
동물의 앞니처럼 생겼어요. 위에서부터 아래까지 두 쪽의
그릴이 이빨처럼 길게 이어져요. 동물의 앞니와 달리 그냥
놔둬도 길어지지는 않아요.

그릴
자동차 앞부분에 공기가
들어가는 부분이에요.
차 엔진룸 안에 이물질이
들어가는 것을 막고,
엔진의 열을 식혀주는
라디에이터라는 부품에
공기가 통하게 해요.

부가티
Bugatti

1938

동글동글한 풍선 인형

긴 풍선을 꼬아서 만드는 인형이 있어요. 각 부분이
동글동글해서 귀엽고 앙증맞아요. 부가티 타입 57 아틀란틱은
동글동글한 모양이 특징이에요. 지붕, 앞뒤 바퀴 위의 덮개,
문, 창문 등 보이는 곳마다 동글동글해요. 마치 풍선을 꼬아
만든 인형처럼 보여요. 이 차에는 보닛에서 시작해 앞 유리와
지붕까지 이어지는 지느러미처럼 생긴 장식이 있어요. 차체의
좌우 반쪽을 이어 붙인 듯한 착각을 일으켜요. 이 장식은 이
차를 상징하는 특별한 요소예요.

보닛
자동차 앞부분에는 엔진이
있어요. 보닛은 앞부분의
덮개예요. 턱 밑에서 끈을
매는 여자나 어린아이들의
모자도 보닛이 있어요.

Type 57 SC
Atlantic

Century Riviera

(센추리
리비에라)

뷰익
Buick

1958

이빨을 가지런히 드러내고 웃어보아요!

자동차의 앞부분은 사람의 얼굴과 닮았어요. 헤드램프는 눈,
공기 구멍인 그릴은 코 또는 입, 어딘가에 부딪혔을 때 충격을
줄이는 범퍼는 턱처럼 생겼어요. 뷰익 센추리 리비에라의
그릴은 차 앞쪽을 가로로 꽉 채우고 있어요. 마치 사람이 이가
최대한 많이 보이도록 입을 벌리고 있는 듯한 모습이에요.
당시에는 번쩍이는 금속 장식이 유행이었어요. 이 차의
그릴에는 크롬이라는 번쩍이는 금속을 작은 사각형으로
모양으로 160개나 집어 넣었어요.

크롬(chrom)
은백색 광택이
나는 금속이에요.
'크로뮴'이라고도 불러요.
금속에 크롬을 섞으면
단단해지고 녹슬지 않아요.
금속 표면에 얇게 바르면 녹도
방지하고 반짝거리는 장식
효과도 내요. 자동차에는 녹
방지와 더불어 고급스러운
분위기를 낼 때 사용해요.

31

엘도라도

캐딜락
Cadillac

1959

Eldorado

비행기가 되고 싶은 자동차

도로에 붙어 달리는 자동차는 날개를 달고 하늘을 나는
비행기를 부러워할지도 몰라요. 1950년대 미국 자동차는
비행기가 되고 싶은 꿈을 이뤘어요. 비록 하늘을 날게 해주는
날개는 아니었지만 비행기 부럽지 않은 멋진 꼬리 날개를
달았어요.

테일 핀이라고도 부르는 꼬리 날개는 1948년 처음 선보였어요.
테일 핀은 1950년대 들어 널리 퍼지고 점점 커지고
화려해졌어요. 1959년형 캐딜락 엘도라도는 테일 핀이 절정에
이른 모델로 꼽혀요. 커다란 테일 핀과 로켓을 닮은 램프가
조화를 이뤄 화려하고 멋진 뒷모습을 뽐냈어요.

테일 핀(Tail Fin)
자동차의 양옆에 있는
꼬리 날개를 말해요.
자동차 뒷문에서 트렁크
위쪽으로 이어지는 지느러미
모양이에요. 자동차
회사 GM의 디자이너인
할리 얼의 아이디어에서
시작됐어요. 할리 얼은 P38
라이트닝이라는 전투기의
꼬리 날개를 보고 영감을
얻었어요.

E-타입

재규어
Jaguar

1961

E-Type

물 흐르듯 매끄럽고 부드러운 유선형

세상에서 아름다운 차를 꼽을 때 빠지지 않는 모델이에요.
E-타입을 개발할 당시 재규어 공장에 큰 화재가 발생했어요.
각종 시설, 부품, 설계도 등이 불타 없어지는 바람에 공장을 다시
세우느라 재규어는 큰 어려움에 빠졌어요. E-타입은 공장의
잿더미 속에서 탄생했지만, 그 어느 차보다도 아름다운 모습을
뽐냈답니다. E-타입은 앞쪽부터 뒤쪽까지 매끈하게 이어지는
곡선이 우아하고 아름다운 모양을 만들어내요. 아름다움 뒤에는
유선형이라는 공기 저항을 줄이는 기술이 담겨 있어요.

유선형
물방울이나 돌고래에서 보듯
매끈하고 둥글둥글해서
공기가 부드럽게 타고
넘어가는 형태를 말해요.

스트라토스

란치아
Lancia

1973

쐐기처럼 앞이 뾰족해요

자동차도 한때 쐐기형 모양이 많이 나왔어요. 앞부분이
뾰족하면 공기를 잘 뚫고 나가므로 속도를 높이는 데 유리해요.
그래서 속도를 중시하는 스포츠카에 주로 쐐기형 디자인을
적용해요. 란치아 스트라토스는 비포장도로를 달리는
랠리카예요. 당시 자동차는 앞이 뭉툭한 모델이 많았고
랠리카도 마찬가지였어요. 앞이 뾰족하고 우주선처럼 생긴
란치아 스트라토스가 비포장도로를 달리는 랠리에 등장해
사람들을 놀라게 했어요.

쐐기
어떤 틈에 박아 넣어서 틈을
효과적으로 벌릴 수 있도록
하는 도구예요. 한쪽이
가늘어지면서 끝이 뾰족한
구조예요.

Stratos

240 왜건

볼보
Volvo

1974

바퀴 빼고는 둥그런 부분이 없는
네모투성이

왜건은 세단의 트렁크 부분을 위쪽까지 막아버려서 짐
싣는 공간으로 사용해요. 볼보는 왜건을 잘 만드는 회사로
유명해요. 한때 볼보는 차를 각지게 만들던 적이 있어요. 차를
각지게 만들면 내부 공간이 넓어져요. 짐을 싣는 왜건이라면
공간이 넓을수록 좋아요. 볼보 240 왜건은 바퀴 빼고는 둥그런
부분이 없을 정도로 각진 박스형 차체가 특징인 차예요.

세단
뒤쪽에 짐을 싣는 트렁크가
튀어나온 자동차예요.

240 Wagon

디펜더

랜드로버
Land Rover   1990

상자로 만든 자동차일까요?

아이들에게 자동차를 그려보라고 하면 네모난 상자에 바퀴를
그리곤 해요. 디펜더는 아이들 그림 속에 나오는 네모난 상자
같은 자동차예요. 단순한 네모가 전부예요. 디펜더는 1948년 처음
나왔어요. 군용차를 본떠서 모양은 단순하고 험한 길도 척척 다닐
수 있게 만들었어요. 화물용, 군용, 농장용 등 다양한 목적으로
사용되었어요. 디펜더라는 이름은 1990년에 붙었어요.

Defender

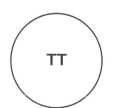

Audi

1998

UFO처럼 앞뒤가 똑같아요

TT는 앞뒤는 물론이고 지붕까지 동글동글해요. 옆에서 보면 앞뒤가
비슷하게 생겨서 마치 미확인 비행 물체 유에프오(UFO)를 닮았어요.
TT의 디자인은 동그라미 모양인 타이어에서 영감을 받았다고
해요. 실내에는 바람이 나오는 송풍구, 계기판, 버튼 등 여러 부분을
동그라미로 표현했어요. TT가 나오기 전까지 아우디의 차는 각진
분위기였어요. TT가 나오면서 아우디 차의 디자인이 부드러운
곡선으로 바뀌었어요.

큐브

닛산
Nissan

2002

상자를 닮아서 별명이 '박스카'예요

자동차 종류에 '박스카'라는 무리가 있어요. 정식으로 구분하는
종류는 아니고, 비슷한 자동차가 여럿 생기면서 별명처럼 붙은
이름이에요. '박스(box, 상자)'와 '카(car, 자동차)'를 합친 말로
네모나게 생긴 해치백을 가리켜요. 네모난 모양에 귀엽게
생긴 닛산 큐브가 인기를 끌면서 박스카 유행이 시작됐어요.
'큐브(Cube)'라는 이름은 네모난 상자 모양을 가리키는 정육면체를
뜻해요. 박스카는 한때 유행하다가 지금은 많이 줄어들었어요.

해치백
트렁크가 튀어나오지 않은
뒤 꽁무니가 짧은 자동차를
말해요.

Cube

메르세데스-벤츠

Mercedes-Benz 2003

피노키오처럼 코가 길어요

자동차의 앞부분은 사람의 코와 비슷하다고 해서 '노즈(nose)'라고
불러요. 트렁크 윗부분은 데크(deck)라고도 해요. 배의 갑판이나
기차의 지붕을 데크라고 하는데, 어떤 공간의 윗부분을 막고 있는
부분이라고 보면 돼요. 스포츠카 중에는 앞(노즈)이 길고(long)
뒤(데크)가 짧은(short) 모델이 많아요. 이런 형태를 '롱 노즈 숏
데크'라고 해요. 앞이 가늘고 길어서 날렵하고 빨라 보여요. 벤츠
SLR 맥라렌은 앞이 유난히 긴 스포츠카예요. 긴 데다가 앞이
뾰족해서 더 멋져요.

SLR McLaren

맥라렌
McLaren 2020

동물처럼 긴 꼬리가 달렸어요

스포츠카 또는 경주용 차 중에는 뒤가 긴 차가 있어요. 꼬리를
가리키는 '테일(tail)'과 길다는 뜻인 '롱(long)'을 합쳐서 '롱테일'이라고
불러요. 뒤쪽이 길면 빠르게 달릴 때 안정성을 높일 수 있어요. 동물의
꼬리가 몸의 균형을 잡아주는 것과 비슷한 원리예요. 1960년대
레이스에 나가는 경주 차들은 직선 구간에서 속도를 높이려고
롱테일을 적용했어요. 요즘에는 일반 스포츠카에도 롱테일 형태가
나오고 있어요.

Speedtail

람보르기니
Lamborghini 2023

손 대면 베일지도 몰라요

이탈리아 슈퍼 카 회사 람보르기니에서 만드는 차는 각진 디자인으로
유명해요. 차 전체의 선을 날카롭게 디자인해서 독특한 개성을 뽐내요.
1974년에 선보인 쿤타치 이후 지금까지, 앞은 뾰족하고 차 전체에
날카로운 각을 살리는 전통을 이어오고 있어요. 레부엘토는 2023년에
선보인 람보르기니의 최신 모델이에요. 손을 대면 베일 듯한 날카롭고
각진 모습을 보면 단번에 람보르기니 모델인지 알 수 있어요.

Revuelto

3부
그릴

자동차에는 사물을 닮은 부분이 있어요. 자동차를 더 개성 있어
보이게 하려고 일부러 사물 닮은 부분을 만들어요. 자동차 회사의
고유한 특징을 표시하려는 목적도 있어요. 사물 닮은 부분은 주로
그릴이에요. 그릴은 자동차 앞부분에 뚫려 있는 공기 구멍이에요.
자동차의 앞쪽을 사람의 코에 비유해요. 그릴은 코에 뚫린 구멍으로
봐서 '콧구멍'이라고 부르기도 해요. 앞부분에 뚫려 있어서 눈에
잘 띄고 자동차의 첫인상을 결정지으므로 그릴을 멋지고 특징이
두드러지게 디자인해요. 어떤 자동차 회사는 모델마다 앞모습을
비슷하게 디자인해서 공통점을 강조해요. 공통점을 표시하는 부분이
주로 그릴이에요. 오랜 세월 사물 닮은 그릴을 유지하는 자동차 회사가
여럿 있어요. BMW의 신장이나 롤스로이스의 판테온 닮은 그릴이
유명해요. 이 밖에도 방패, 날개, 말발굽, 모자, 모래시계 등 다양한
사물을 자동차 그릴에서 발견할 수 있어요.

grille

LEGENDARY
CARS 150
LEGENDARY
CARS 150
LEGENDARY
CARS 150

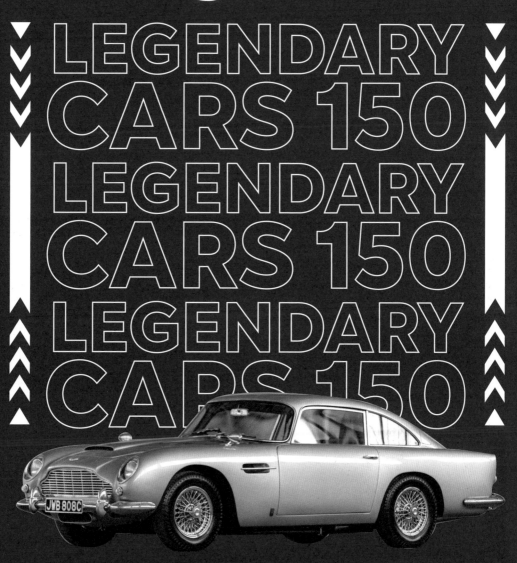

타입 35

부가티
Bugatti

1924

Type 35

말발굽

부가티의 그릴은 말발굽처럼 생겼어요. 말발굽은 말의 발바닥이라고 할 수 있어요. 빨리 달리는 데 유리한 구조이고 큰 몸집을 지탱해줘요. 말발굽 그릴은 1924년에 나온 타입 35 모델에 처음 달려 나왔어요. 말발굽 그릴은 달걀에서 유래했어요. 달걀의 타원형을 완벽한 모양으로 여겨서 초창기에 그릴을 달걀 모양으로 만들었어요. 시간이 흘러 그릴의 밑 부분을 평평하게 다듬으면서 말발굽 모양이 되었어요.

DB5

애스턴마틴
Aston Martin 　　　1963

물고기 입(또는 모자)

애스턴마틴은 고성능 스포츠카를 만드는 브랜드예요. 앞쪽에는 그릴이 넓은
면적을 차지하는데 모자 또는 물고기 입처럼 생겼어요. 헤드램프하고 같이 보면
물고기 입에 더 가까워요.

1948년에 나온 DB1 모델의 그릴은 커다란 가운데 그릴 양옆에 작은 그릴이
붙은 형태였어요. 마치 발사를 앞둔 로켓처럼 생겼어요. DB2, DB3로 모델이
바뀌면서 세 조각 그릴도 하나로 합쳐졌고, 1957년에 선보인 DB4에 이르러서는
요즘과 비슷한 물고기 입 형태로 자리 잡았어요. 1963년에 나온 DB5는
영화 〈007 시리즈〉의 주인공 차로 유명해요. DB5에는 물고기 입 모양이 더
자연스러워졌어요.

DB5

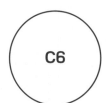

시트로엥
Citroën   2005

C6

갈매기

시트로엥의 엠블럼은 '더블 쉐브론(double chevron)'이라고 불러요.
쉐브론은 V자 무늬 또는 갈매기 형태 계급장을 가리켜요. 시트로엥
엠블럼은 쉐브론을 거꾸로 두 개 겹쳐 놓은 모양이에요. 엠블럼으로
사용하는 데 그치지 않고 아예 그릴을 엠블럼 모양으로 만들었어요.
회사의 특징을 자동차 디자인으로 잘 적용한 사례예요. 더블 쉐브론
엠블럼을 갈매기라고 부르지만, 갈매기 모양을 본뜨지는 않았어요.
창업자 앙드레 시트로엥이 V자 모양 기어를 보고 생각해냈다고
해요.

MKZ

Lincoln 2012

날개

날개는 여러 자동차 회사가 엠블럼으로 사용하는 인기 있는 모양이에요. 날개 모양을 그릴에 적용하기도 해요. 링컨 브랜드의 엠블럼은 날개 모양이 아니지만, 그릴을 날개처럼 만들었어요. 독수리의 날개를 본떴다고 해요. 관광지에서 사진 배경으로 그려 놓은 천사의 날개를 보는 듯해요. 그릴의 가운데를 중심으로 날개가 분리되어 있다고 해서 '스플릿 윙(split 분리된, wing 날개)'이라고 불렀어요.

롤스로이스
Rolls-Royce 　　2017

판테온

롤스로이스는 고급차의 대명사로 꼽혀요. 웅장한 차의 분위기에 맞게 그릴은 판테온 신전을 본떴어요. 판테온의 건축 양식에서 아이디어를 얻어 디자인한 세로 기둥이 돋보여요. 판테온은 신을 모시는 공간이에요. 롤스로이스의 실내 공간이 신을 모시는 공간처럼 특별하다는 뜻으로 해석할 수 있어요. 판테온 그릴이 신의 공간과도 같은 실내로 들어가는 입구 역할을 해요.

Phantom

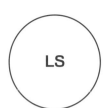

LS

렉서스
Lexus 2017

모래시계(또는 물레가락)

렉서스 브랜드의 자동차는 위에서 아래까지 넓게 앞부분을 꽉
채우고 있는 그릴이 특징이에요. 모래시계처럼 생긴 그릴은 2011년
콘셉트카 LF-GH에 처음 선보였고, 이후 렉서스의 모든 모델로
퍼졌어요. 렉서스에서 부르는 정식 명칭은 스핀들 그릴이에요.
스핀들은 실을 만드는 기계인 방적기의 축을 가리키는데, 가운데는
홀쭉하고 아래위가 옆으로 퍼진 모양이에요. 렉서스의 그릴은
스핀들의 모양과 닮았어요.

스팅어

기아
Kia   **2017**

stinger

호랑이코

우리나라 신화나 전래 동화에는 호랑이가 자주 나와요. 1988년
서울 올림픽, 2018년 동계 올림픽에는 호랑이가 마스코트였어요.
우리나라 땅 모양을 호랑이로 표현하기도 해요. 무서운 동물이지만
친숙해요. 우리나라 회사인 기아는 고유한 특징을 만들기로 하고,
그릴을 호랑이 코 모양으로 디자인했어요. 가로로 길고 가운데
위아래가 살짝 들어간 모양이 호랑이 코처럼 생겼어요. 호랑이 코
그릴은 2007년 키 콘셉트카에 처음 선보였어요.

랭글러

저금통

지프의 그릴은 세로 막대가 여러 개 나란히 서 있는 형태예요.
평범해 보이지만 지프를 상징하는 특별한 모양으로 인정받아요.
비밀은 숫자에 있어요. 수직 막대 사이에는 모두 일곱 개의 구멍이
있어요. 일곱이라는 개수를 지켜오면서 하나의 특징으로 자리
잡았어요. 구멍을 뜻하는 '슬롯(slot)'이라는 말을 써서 '7 슬롯'
그릴이라고 불러요. 슬롯은 동전을 넣는 구멍이라는 뜻도 있어서
지프의 그릴에는 '저금통'이라는 별명이 붙었어요.

Wrangler

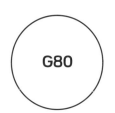

G80

제네시스
Genesis

2020

방패

제네시스는 현대차그룹에서 만든 고급 브랜드예요. 국산
차 중에는 이전까지 고급차 브랜드가 없었어요. 2015년에
처음 생겨난 제네시스의 역사는 그리 오래되지 않았지만,
디자인 특징은 뚜렷해요. 앞부분을 꽉 채우고 있는 커다란
방패 모양 그릴은 제네시스의 특징을 이뤄요. 방패 모양의
가문의 상징을 표현한 '크레스트'라는 말을 써서 크레스트
그릴이라고 불러요.

크레스트(crest)
국가나 단체 또는 집안
따위를 나타내기 위해
사용하는 상징적인 표지를
뜻하는 '문장'을 말해요.
문장은 심벌(symbol)과
비슷한 뜻이에요.

G80

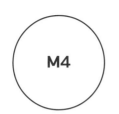

M4

비엠더블유
BMW

2021

콩팥

자동차 그릴로 가장 유명한 브랜드를 꼽으라면 단연 BMW일
거예요. 가운데 두 개의 둥그스름한(또는 네모난) 모양을
좌우가 같게 배치해서 단번에 BMW인지 알아볼 수 있어요.
1933년부터 쓰기 시작해서 역사가 90년에 이르러요.
BMW의 그릴은 사람의 장기 중 하나인 콩팥을 닮았다고 해서
'키드니(kidney)' 그릴이라고 불러요. 키드니 그릴은 세로로
긴 모양이었다가 가로 형태로 바뀌었어요. 몇 년 전부터 일부
모델에 다시 긴 모양이 등장했어요. 앞니가 긴 뉴트리아와
비슷하다고 해서 뉴트리아 그릴이라는 별명이 붙었어요.

뉴트리아

쥐와 비슷하게 생겼으며 뒤
발가락 사이에 물갈퀴가
있는 포유류예요. 풀을
먹으며 물에서도 살고
뭍에서도 살아요. 몸의 길이는
40~55cm, 꼬리의 길이는
35cm 정도로 알려졌어요.
아르헨티나, 칠레 등지에
분포해요.

4부
도어

자동차에는 문이 달려 있어요. 문은 자동차 안으로 들어가는 입구이자
안에 탄 사람을 안전하게 보호하는 벽 역할을 해요. 빠르게 달리는
롤러코스터를 타봤을 거예요. 안전장치가 있지만 문이 없어서
온몸으로 바람을 맞아요. 자동차에도 문이 없다면 안에 탄 사람은
찬 바람과 소음을 견뎌야 해요. 자동차 문의 개수는 보통 앞에 두
개, 뒤에 두 개 합쳐서 네 개예요. 2인승이거나 앞좌석을 중요하게
여기는 차에는 문을 두 개만 달아요. 문의 역할은 어떤 자동차든
같지만, 열리는 방식은 제각각이에요. 잡아당기거나, 밀거나, 아래로
내려가거나, 위로 올라가거나, 비스듬하게 위로 향하거나, 지붕이
문처럼 통째로 열리는 등 다양한 방식으로 열려요. 오래전부터 같은
방식만 사용해서 문 열리는 방식이 특징으로 자리를 잡기도 해요.
롤스로이스나 람보르기니는 문 열리는 모습만 봐도 어느 회사 차인지
알 수 있어요.

닷지
Dodge   1983

Caravan

미닫이처럼 열리는 슬라이딩 도어

자동차를 탈 때 옆 차가 가까이 붙어 있으면 문이 넓게 열리지
않아서 타고 내릴 때 불편해요. 문이 옆으로 벌어지는 방식이 아니라
앞에서 뒤로 미끄러지듯이 열린다면 좁은 공간에서도 편하게 타고
내릴 수 있을 거예요. 여러 명이 타는 자동차인 미니밴의 문은
미닫이처럼 열려요. 미끄러지듯이(sliding) 열린다고 해서 슬라이딩
도어라고 불러요. 1983년에 나온 닷지 캐러밴은 현대적인 미니밴의
시초예요. 슬라이딩 도어를 달고 나왔어요.

비엠더블유

BMW

1987

바닥으로 사라져버리는 디스어피어링 도어

문의 작동은 보통 '열린다'라는 말로 표현해요. BMW Z1의 문은 다른
여러 방식의 문과는 좀 달라요. 열린다기보다는 아래로 사라져요.
이름도 '사라지는(disappearing)'이라는 뜻 그대로 '디스어피어링'
도어라고 불러요. 좁은 공간에서도 문 때문에 불편해하거나 문콕
당할 일이 없어요. 마치 마술을 부리듯 차체 속으로 쏙 숨어들어서
신기해 보여요.

람보르기니
Lamborghini 1990

가위처럼 열리는 시저 도어

스포츠카는 바닥이 낮고 문이 길어서 차 옆에 공간이 좁으면
내리고 타기가 불편해요. 시저 도어는 위로 비스듬히 열려서 좁은
공간에서도 타고 내릴 공간을 확보할 수 있어요. 시저 도어 하면
람보르기니가 먼저 떠올라요. 람보르기니는 1971년 쿤타치를
시작으로 최고 모델에 시저 도어를 사용했어요. 단점도 있어요.
모양은 멋있지만 차가 뒤집히면 문을 열기 힘들어요. 차를 똑바로
세우지 못하는 상황이면 문을 뜯어내야 해요. 요즘에는 문의 연결
부위에 비상용 폭약을 설치하는 등 뒤집혔을 때 문을 열 수 있는
방법을 준비해놓아요.

시저 도어
문이 위쪽으로 회전해서
올라가면서 열려요. 열리는
모양이 가위(scissors)가
움직이는 모습과 비슷하다고
해서 '시저 도어'라고
불러요.

Diablo

라피드

애스턴마틴
Aston Martin 2010

백조의 날개처럼 열리는 스완 윙 도어

애스턴마틴은 스완 윙 도어를 주로 쓰는 회사예요.
스포츠카는 차체가 낮아서 문을 옆으로 열 때 도로 연석에
부딪히기 쉬워요. 스완 윙 도어는 위로 살짝 들리므로 연석에
부딪히지 않아서 손상을 막고, 탑승자도 편하고 타고 내릴 수
있어요.

스완 윙 도어
보통 자동차와 열리는
방식이 비슷한데 위로
15도 정도 살짝 들려요.
열리는 모습이 마치 백조의
날개와 비슷하다고 해서
'스완(swan, 백조) 윙(wing,
날개)' 도어라고 불러요.

RAPIDE

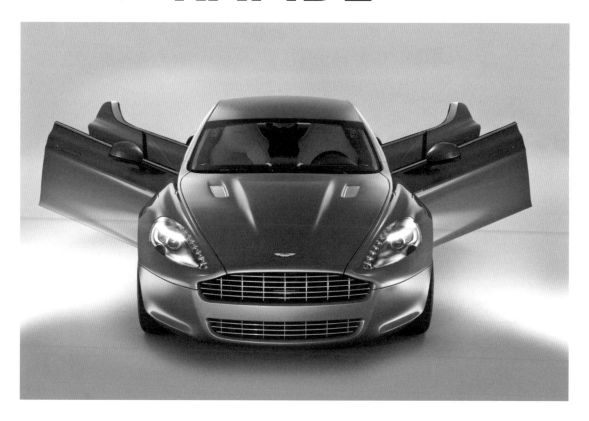

SLS AMG

메르세데스-벤츠
Mercedes-Benz 2010

갈매기 날개처럼 위로 열리는 걸 윙 도어

문은 경첩으로 기둥에 고정돼요. 경첩을 중심으로 문이
회전하면서 열려요. 걸 윙 도어는 경첩이 지붕 가운데
달렸어요. 문을 열면 마치 갈매기가 날아가는 모습처럼 보여요.
'갈매기(gull)'의 '날개(wing) 같다고 해서 걸 윙 도어라고 불러요.
1950년대 나온 벤츠 300SL은 걸 윙 도어를 대표하는 모델이에요.
걸 윙 도어의 전통은 21세기에도 벤츠 모델에 이어졌어요.
2010년에 선보인 SLS AMG도 걸 윙 도어를 달았어요.

경첩
여닫이문이나 여닫이
창문을 고정할 때 사용하는
철물이에요. 한쪽은 문틀을,
한쪽은 문짝에 달아요.

SLS AMG

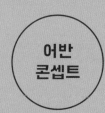

어반
콘셉트

아우디
Audi

2011

지붕이 통째로 들리는 캐노피 도어

전투기가 나오는 영화를 보면 파일럿이 타고 내릴 때
캐노피 전체가 들리는 모습이 나와요. 자동차에도 캐노피
도어가 있어요. 지붕과 유리와 문이 통째로 열리는
방식이에요. 차가 뒤집혔을 때 열기 힘들고, 구조가
복잡해서 일반 차에는 사용한 사례가 없어요. 주로 전시
목적으로 만드는 콘셉트카에 캐노피 도어가 선보였어요.

캐노피(canopy)
전투기의 조종석 위에 있는
투명한 덮개를 말해요.

Urban
Concept

LaFerrari

라페라리

페라리
Ferrari   **2013**

나비의 날개처럼 열리는 버터플라이 도어

위로 열리는 방식은 다 비슷해 보이지만 조금씩 달라요. 버터플라이(butterfly, 나비) 도어는
위로 열리는데 방향이 대각선이에요. 걸 윙과 시저 도어의 중간쯤 되는 방식이에요. 자세히
보면 버터플라이 도어의 경첩(문과 기둥을 연결하는 부품)은 앞 유리 기둥에 붙어 있어요.
경첩의 위치에 따라 대각선으로 열릴 수밖에 없는 구조예요. 정면에서 봤을 때 다른
방식보다 문의 표면이 더 잘 보여서 진짜 날개처럼 편 듯한 모양이 나와요.

모델 X

테슬라
Tesla

2015

위로 꺾이며 열리는 팔콘 윙 도어

위로 열리는 방식은 걸 윙 도어와 비슷한데 지붕과 문의 연결
부위가 관절처럼 꺾여요. 문이 열릴 때 차체 밖으로 튀어
나가는 부분이 적어서 좁은 공간에서도 문을 여닫을 수 있어요.
매의 날개처럼 움직인다고 해서 팔콘 윙 도어라고 불러요.
팔콘(falcon)은 매를 가리켜요.

Model X

© pkhamre

제메라

코닉세그
Koenigsegg

2020

회전하며 곧게 서는 다이히드럴 도어

차 문의 앞쪽이 차체에 고정되어 있고, 고정된 부분을
중심으로 일단 문이 옆으로 빠진 후 수직으로 회전하면서
열리는 방식이에요. 코닉세그라는 스포츠카 회사에서
주로 사용하는 방식이에요. 마치 토끼가 귀를 쫑긋 세우듯
문이 위로 올라가며 열려요.

다이히드럴(dihedral)
비행기 날개를 정면에서 보면
수평선을 기준으로 좌우
날개 끝부분이 V자 형태로
하늘을 향해 올라가 있어요.
이때 수평선과 날개가 이루는
각도를 '상반각(다이히드럴
앵글)'이라고 해요.
디이히드럴 도어는 지면을
기준으로 각도를 이루며
올라가는 방식으로 열려요.

스펙터

롤스로이스
Rolls-Royce

2023

반대 방향으로 열리는 코치 도어

장롱문을 열 때는 가운데에 달린 손잡이를 잡고 바깥쪽으로
잡아당기면 넓게 열려서 안에 있는 옷이나 이불을 꺼내기
편해요. 롤스로이스의 문은 장롱문처럼 열려요. 앞문은 일반
자동차와 같은 방식이지만 뒷문은 반대로 열려요. 뒤쪽이 넓게
열리므로 타는 사람이 몸을 숙이지 않아도 돼요. 뒷좌석 승객을
중요하게 여기는 자동차여서 문 열리는 방식도 뒤쪽을 더 편하게
만들었어요. 문 두 개짜리 모델은 아예 뒤로만 열려요. 예전에
마차를 타고 다니던 시절 코치라고 부르던 마차의 문이 이렇게
열려서 코치 도어라는 이름이 붙었어요.

코치(coach)
자동차와 관련된 뜻이 여러
개예요. (장거리용 대형)
버스, (기차) 객차, (항공기)
이코노미석, (과거의) 대형
4륜 마차 등으로 쓰여요.

Spectre

5부
지붕

자동차와 집의 지붕은 역할이 비슷해요. 눈과 비가 실내로 들이치지
않게 해주고 강한 햇빛을 가려줘요. 춥고 더울 때 실내의 급격한 온도
변화를 막아주고 시끄러운 소리가 들어오지 않게 해줘요. 지붕의
역할이 중요하지만, 일부러 지붕을 없앤 자동차도 있어요. 정확히는
지붕이 열리고 닫히는 거예요. 평상시에는 지붕을 닫고 다니다가
필요할 때 지붕을 열고 달려요. 지붕을 열면 바깥의 신선한 바람을
맞거나 따뜻한 햇볕을 쬘 수 있어요. 사계절 날씨가 온화한 곳에서는
지붕이 열리는 차가 인기를 끌어요. 흐린 날이 많아서 햇볕이 귀한
지역에서는 해가 뜬 날 지붕을 열고 다니는 차를 종종 볼 수 있어요.
열리는 지붕의 종류는 다양해요. 지붕 전체 또는 일부분만 열리거나,
손으로 직접 또는 자동으로 열거나, 지붕이 철판이거나 천이거나….
지붕을 열면 원래 차의 모습과는 다른 색다른 분위기를 경험할 수
있어요.

roof

LEGENDARY
CARS 150
LEGENDARY
CARS 150
LEGENDARY
CARS 150

401
이클립스

푸조
Peugeot

1934

철판 지붕이 차 안으로 숨어요

자동차 금속 지붕은 '하드톱(hardtop)'이라고 불러요.
'단단한(hard) 윗부분(top)'이라는 뜻이에요. 잘 접히고
부피가 작아지는 천과 달리 금속 지붕은 딱딱해서 접기도
힘들고 공간을 많이 차지해요. 접이식 하드톱 지붕은
설계하기 복잡하고 만들기 쉽지 않아요. 푸조 401 이클립스는
1930년대에 이미 전기 힘으로 철판 지붕이 차 안으로 숨어
들어가는 하드톱 모델로 선보였어요. 세계 최초로 선보인
전동식 접이식 하드톱 모델이랍니다.

컨버터블(convertible)
'모양이나 용도를 바꿀 수
있다'라는 뜻으로 지붕의
구조가 달라지는 차를
가리켜요. 컨버터블의
지붕은 접거나 펼 수 있어요.
지붕은 천 또는 금속으로
만들어요.

401 Eclipse

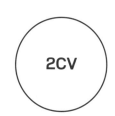

2CV

시트로엥
Citroën

1948

누구나 부담 없이 살 수 있는 저렴한 오픈카

지붕이 열리는 차는 특별한 차라고 여기지만 꼭 그렇지만은 않아요. 시트로엥 2CV는 작고 저렴한 대중 차예요. 농촌에서 농민들이 말과 수레를 대신해 사용하도록 만든 차예요. 개발할 때는 '네 명이 탈 수 있고, 50kg의 짐을 싣고, 시속 60km까지 속도를 내면서, 울퉁불퉁한 길을 지날 때도 바구니에 담긴 달걀이 깨지지 않아야 한다'라는 목표를 세웠어요. 차의 구조가 얼마나 간단했던지 '바퀴 네 개 달린 우산'이라고 부를 정도였어요. 2CV는 여러 형태로 나왔는데, 지붕을 천으로 덮어서 열 수 있게 한 모델도 있었어요. 2CV는 1948년에 출시되어서 1990년대까지 생산되었고, 400여만 대가 팔렸어요.

2CV

센추리온
콘셉트카

뷰익
Buick

1956

지붕이 전체가 온실 같아요

전투기를 보면 파일럿이 타는 곳의 윗부분이 전부 투명한 소재로
덮여 있어요. 사방이 투명하니 고개를 어디로 돌리든 주변이 잘
보일 거예요. 1956년에 나온 뷰익 센추리온 콘셉트카는 지붕을 전부
유리로 덮었어요. 사방이 훤해서 잘 보일 것 같은 이 차에는 뒤를
볼 수 있는 거울이 없어요. 차체를 매끈하게 만드느라 거울을 달지
않았어요. 대신 뒤쪽을 촬영하는 카메라를 달아 차 안 화면에서
뒤쪽을 보여줬어요. 당시에는 혁신적인 기술이었어요.

Centurion Concept Car

© Eric Kilby

스파이더

알파로메오
Alfa Romeo 1966

멋진 컨버터블을
'오징어 뼈'라고 부른 이유는?

컨버터블 자동차는 지붕이 없어서 차체가 더 매끈해 보여요.
사람이 타는 용도보다는 멋과 낭만을 중요하게 여기는 차라서
디자인도 멋지게 한답니다.

1966년에 선보인 알파로메오 스파이더는 아름다운
컨버터블을 꼽을 때 빠지지 않고 꼽히는 모델이에요. 디자인은
피닌파리나라는 디자인 전문 회사에서 했어요. 알파로메오는
차를 내놓기에 앞서서 이름을 공모했어요. 두 사람이 타는
차라는 뜻으로 '듀에토(Duetto, 둘)'라는 이름을 얻었지만, 다른
데서 같은 이름을 쓰고 있어서 별명으로만 남았어요. 뒤쪽이
둥글넓적해서 '오징어 뼈' 또는 '보트 테일(꼬리)'이라고도
불렸어요.

스파이더(spider)
지붕이 열리는 자동차를
가리키는 단어로,
이탈리에서 주로 쓰다가
현재는 일반적인 명칭이
됐어요. 지붕을 얹은 모습이
거미(spider)처럼 생기거나,
낮은 차체가 달리는 모습이
거미가 기어가는 모습과
비슷하다는 등 스파이더라는
이름의 유래에는 몇 가지
설이 있어요.

Spider

포르쉐
Porsche   1967

911 타르가

탑승자 머리 위 지붕만 사라져요

컨버터블은 보통 지붕 전체가 열려요. 포르쉐 911 타르가는 일반 컨버터블과
달리 탑승자 머리 위 지붕만 열리는 구조예요. 뒤쪽 지붕은 유리창이 감싸고
있어요. 탑승자 머리 뒤쪽에는 커다란 철제 판이 바구니의 손잡이처럼 달려
있어요. 이 손잡이 닮은 철제 판은 컨버터블처럼 지붕이 없는 차가 뒤집어졌을
때 버팀목 역할을 하면서 탑승자를 보호하도록 설치해놓은 구조물이에요. 이런
구조물을 '롤 바(roll bar)'라고 불러요.
은색 롤 바는 911 타르가 모델의 상징이에요. 타르가는 미국 시장의 안전 기준을
맞추려고 탄생한 모델이에요. 1960년대 당시 미국에서는 안전을 이유로 지붕이
완전히 열리는 수입 자동차의 판매를 금지하려고 했어요. 지붕이 열리는 차가
인기를 끌던 미국 시장을 포기할 수 없던 포르쉐는 지붕의 일부만 열리는 타르가
모델을 개발했답니다.

911 Targa

미아타

마쓰다
Mazda

1989

가벼운 로드스터의 시초예요

작고 가벼운 로드스터는 마쓰다 미아타가 나오면서 시작됐어요.
별다른 기능이나 장비는 없었지만 가볍고 균형이 잘 잡혀서
운전하는 재미가 뛰어났어요. 미아타가 전 세계에 인기를 끌면서
한때 전 세계에서 가장 많이 팔린 2인승 로드스터로 기네스북에
오르기도 했어요. 미아타가 성공을 거두면서 포르쉐 박스터, 벤츠
SLK, BMW Z3 등 비슷한 차가 여럿 탄생했어요. 미아타는 판매
지역에 따라 유노스 또는 MX-5라고도 불려요.

로드스터(roadster)
지붕이 열리는 차의 종류는
다양해요. 로드스터는 앞
유리와 문이 없는 차를
가리키는 말이었어요.
지금은 비교적 작은 2인승
컨버터블을 로드스터라고
불러요.

Miata

에어리얼
Ariel

아톰

2000

지붕이 아예 없어요

컨버터블은 지붕을 여닫을 수 있는 자동차를 가리켜요.
지붕이 아예 없다면 굳이 여닫을 필요가 없어요.
에어리얼 아톰은 지붕이 없는 차예요. 늘 뻥 뚫려
있어요. 차체도 뼈대도 앙상하게 드러난 구조예요. 일반
자동차로 분류하지만, 번호판 달린 경주 차라고 할
수 있어요. 장난감 자동차처럼 보이지만 가볍고 빠른
스포츠카랍니다.

Atom

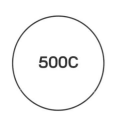

피아트
Fiat

500C

2009

뼈대는 그대로, 지붕 위만 열리는 캔버스 톱

컨버터블 자동차는 앞 유리 뼈대를 제외하고는 차체 가운데와
뒤쪽에 지붕을 받치는 기둥이 없어요. 캔버스 톱은 일반
컨버터블과는 좀 달라요. 기둥은 그대로 있고 지붕만 열려요. 천으로
만든 지붕이 앞 유리 위쪽부터 트렁크까지 연결되어 있어요. 지붕을
열면 천이 뒤쪽으로 주름지며 접혀요. 차체 기둥이 그대로 있어서
옆에서 보면 지붕이 열렸는지 구분하기가 쉽지 않아요. 500C는
해치백인 500의 지붕을 없애고 캔버스톱을 적용한 모델이에요.

500C

닛산
Nisaan

2010

컨버터블로 변신하는 SUV

지붕이 열리는 컨버터블 자동차는 주로 날렵하고 납작한
세단이나 쿠페를 개조해서 만들어요. 드물게 키 큰 SUV도
컨버터블이 모델이 나와요. 무라노 크로스 카브리올레는
SUV의 지붕을 잘라내 컨버터블로 만들었어요. 이전에도
지붕을 천으로 덮어서 걷어내도록 하는 SUV는 종종 있었지만,
자동으로 열리고 닫히는 방식은 이 차가 처음이에요. 이후에
레인지로버 이보크, 폭스바겐 티록 등 컨버터블 SUV가 종종
선보였어요.

세단(sedan)
앞쪽에 엔진 공간이 튀어나오고, 가운데는
탑승 공간, 뒤쪽에는 트렁크가 뻗어 나온
구조로 이뤄진 자동차예요. 문은 네 개이고
4~5명이 탈 수 있어요.

쿠페(coupé)
천장의 높이가 뒷자리로 갈수록 낮은
승용차예요. 뒷자리는 어린이만 탈 수
있을 정도로 좁아서 보통 두 사람이 타기에
적당해요. 좌석의 문은 두 짝이에요.

Murano Cross Cabriolet

랜덜렛

마이바흐
Maybach
2013

지붕이 뒤쪽만 열려요

고급차는 뒷좌석을 중요하게 여겨요. 운전기사를 따로 두기도 하고, 앞좌석과 뒷좌석 사이를 막아서 뒷좌석 승객의 비밀을 보호하기도 해요. 마이바흐 랜덜렛은 뒷좌석만 지붕이 열려요. 지붕도 천으로 만든 윗부분만 열리고 옆의 차체 틀은 그대로 남아 있는 구조예요. 앞좌석과 분리된 뒷좌석에서 승객은 온전히 자기만의 공간과 뻥 뚫린 하늘을 누릴 수 있어요.

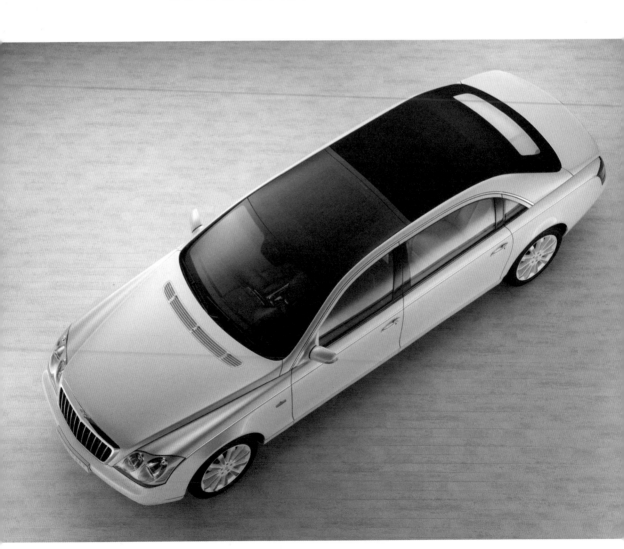

Landaulet

브롱코

포드
Ford

2021

Bronco

뻥 뚫린 오프로드 자동차

예전부터 오프로드 자동차는 천으로 만든 덮개나 철판을
걷어내 개방된 상태로 달리도록 한 모델이 종종 나왔어요.
오프로드 자동차의 시초인 군용차에서 흔히 볼 수 있는
방식이에요. 포드 브롱코는 SUV이면서 험한 길에서
달리는 성능을 강화한 모델이에요. 지붕을 걷어내고 뻥
뚫린 상태로 자연을 그대로 경험할 수 있어요.

오프로드 자동차
오프로드(비포장도로)나 길이
없는 험한 지면을 달리도록
만든 차예요.

6부
색상

자동차 색의 종류는 무궁무진해요. 주로 사용하는 색은 대체로 정해져
있지만, 원한다면 새로운 색을 만들어서 칠하면 돼요. 종류는 많지만,
사람들이 좋아하는 색은 거의 정해져 있어요. 팔리는 차 중에서
흰색이 가장 많고, 그다음 검은색과 회색이 차지해요. 은색도 많이
팔리는 색이에요. 이들 색이 전체 차 중에서 80% 정도를 차지해요.
전 세계에서 나라마다 이 비율은 비슷해요. 거리를 알록달록하게
물들이는 차는 나머지 20%예요. 빨강, 파랑, 노랑을 비롯해 다양한
색을 칠한 자동차가 독특한 개성을 뽐내요. 자동차의 색은 특정한
회사를 상징하기도 해요. 페라리 하면 빨강, 벤츠 하면 은색이 먼저
떠올라요. 런던이나 뉴욕의 택시처럼 같은 색으로 칠한 자동차는
도시의 명물로 자리 잡았어요. 차에 색을 칠하는 대신 그림을 그리면
예술 작품이 돼요. 경주용 자동차에는 후원하는 회사의 대표 색을
칠해서 독특한 개성을 표현해요.

모델 T

포드
Ford

1908

Model T

검은색, 저렴하게 빨리 생산할 수 있어요

포드 모델 T는 대량 생산의 시초가 된 모델이에요. 빠르게 생산해서
많이 팔리면 차를 만드는 비용이 줄어들어서 가격을 낮출 수 있어요.
생산 속도를 올리려면 작업 과정이 단순하고 부품도 통일되어야
해요. 초창기 모델 T에는 빨간색·파란색·녹색 등 몇 가지 색상이
있었지만, 1910년대 대량 생산 체계가 잡힌 이후에는 한동안
검은색 페인트로 통일했어요. 가격이 저렴하고 빨리 마르는 검은색
페인트가 나오면서 생산 속도를 올리려고 한가지 색상만으로 차를
칠한 거예요.

라살

캐딜락 라살
Cadillac
1927

두 가지 색을 한꺼번에

자동차를 멋지고 개성 있어 보이게 하려면 눈에 잘 띄는 색을 칠하면 돼요. 개성을 강조하는 스포츠카의 색을 보면 빨간색, 노란색, 파란색, 녹색 등 원색이 많아요. 두 가지 색을 칠하는 것도 특별하게 보이도록 하는 방법이에요. 1927년에 선보인 캐딜락 라살은 투 톤 색상을 처음 적용한 자동차예요. 투 톤은 관심을 끌기는 하지만 한 가지 색보다는 인기가 떨어져서 유행이 오래가지는 않아요. 요즘에는 일부 고급차에 맞춤 제작으로 투 톤 색상이 나오곤 해요.

투 톤
투 톤(two tone)은 두 가지 색을 칠하는 방식이에요. 지붕과 차체를 다르게 칠하거나, 차체의 아래와 위를 다르게 하거나, 보닛만 다른 색을 입히는 등 여러 가지 조합이 가능해요.

LaSalle

블로워

벤틀리
Bentley   1929

브리티시 레이싱 그린, 영국을 대표하는 녹색

특정 브랜드나 자동차를 상징하는 색이 있어요. 어떤 이유로 특정한 색을
쓰기 시작하면서 고유한 상징으로 자리 잡은 거예요. 자동차 분야에는 국가를
상징하는 색도 있어요. 1900년대 초반 자동차 경주에서 나라별로 구분하기
쉽도록 색을 정했어요. 당시 경주 차는 생김새는 물론 색도 비슷해서 어디
소속인지 알아보기 힘들었다고 해요. 나라마다 국기 색이나 전통적인 상징색을
골라서 경주 차에 칠했어요. 영국은 우승한 경험이 있는 경주 차의 녹색을
골랐다고 해요. 벤틀리는 영국에서 생긴 자동차 브랜드예요. 1929년 선보인
블로워는 당시 가장 빠른 자동차로 명성을 얻은 경주 차예요. 블로워도 영국을
상징하는 녹색을 칠하고 나왔어요.

Blower

W25

메르세데스-벤츠
Mercedes-Benz 1934

번쩍이며 날아가는 은빛 화살

옛날 경주 차는 단순히 길쭉하게 생긴 모양이 많았어요. 총알이나
포탄처럼 보이기도 하죠. 벤츠의 경주 차는 매끈한 은색 차체가
달리는 모습이 화살이 날아가는 모습 같다고 해서 '은빛 화살'이라는
별명이 붙었어요. 1930년대 하얀색 벤츠 경주 차가 경주에 나갔다가
규정한 무게를 1kg 초과하는 바람에 페인트를 벗겨내서 겨우
무게를 맞췄다고 해요. 은색 금속 차체가 드러난 상태로 달리는
모습이 인상적이어서 '은빛 화살'이라는 별명이 붙었어요. 이 일화가
사실인지 아닌지는 논란이 많은데, 어찌 됐든 전설 같은 이야기로
흥미를 끌었고 은빛 화살은 지금까지 벤츠의 상징으로 통해요.

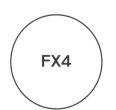

FX4

FX4

오스틴
Austin　　　　　1958

런던의 상징, 고전적인 블랙캡

색상이 자동차를 상징하는 이름이 되기도 해요. 영국 런던에 가면
검은색 택시가 많아요. 검은색(black) 택시(cab)라고 해서 '블랙
캡'이라고 불러요. 고전적인 디자인에 커다랗고 육중한 차체가
독특해 보이는데 런던 거리의 명물이에요. 영국 택시는 전통적으로
오스틴이라는 자동차 회사에서 만들어왔는데, 1948년에 나온 FX3가
블랙 캡의 시작이에요. FX4는 FX3의 뒤를 이어 1958년 등장했는데
1997년까지 40여 년 동안 런던의 거리를 지켰어요. '블랙 캡=오스틴
FX4'라고 할 정도로 상징적인 차가 되었어요.

GT40

포드
Ford

1964

서킷을 누비는 하늘색, 걸프 레이싱 블루

자동차 경주에 나가는 경주 차는 고유한 색상이나 스티커를
붙여서 개성 있게 꾸며요. 주로 비용을 후원해주는 회사에서
정한 색상을 칠하고 경주에 나가요. 1960년대 걸프 오일은
자동차 경주를 후원하는 큰 회사 중 하나였어요. 걸프 오일이
후원하는 경주 차는 주황색과 하늘색을 조합한 색상을 칠했어요.
걸프 오일이 후원한 경주 차가 여러 차례 우승하면서 주황색과
하늘색 조합 색상도 유명해졌어요. 특히 걸프 오일 색을 칠한
포드 GT40이 1969년 르망 24시에서 우승하는 순간이 인상적인
장면으로 꼽혀요. 색상이 워낙 유명하다 보니 바탕색인 하늘색은
'걸프 레이싱 블루'라는 고유한 이름을 얻었어요. GT40은
2004년에 현대적인 모델로 재탄생했어요. 이름도 GT로
간단해졌어요. 사진 속 차는 걸프 레이싱을 기념해 2018년에
선보였어요.

서킷(circuit)
자동차 경주장을 뜻해요.
출발하는 곳과 끝나는
지점이 같고 폐쇄된 코스로
이뤄져요. 인위적으로
어렵고 쉬운 코스를
배합하여 만들어요.

GT40

356 SC

포르쉐
Porsche

1964

포르쉐 아트 카, 자동차에 표현한 우주의 역사

자동차는 공장에서 색이 칠해져 나와요. 대부분 처음 색 그대로 타고
다니는데, 특별하게 이미 나온 자동차를 그림판으로 이용해서 예술
작품을 만들기도 해요. 자동차 자체가 예술 작품이라고 할 수 있어요.
1960년대에 가수 재니스 조플린은 자기가 소유한 포르쉐 356 자동차에
매니저를 시켜서 그림을 그려 넣었어요. 가능한 한 많은 색을 이용해
다양한 사물을 그려 넣어 우주를 표현했어요. 재니스 조플린의 포르쉐
아트 카는 샌프란시스코의 명물이 되었어요.

아트 카(art car)
특별한 색을 칠하는 단계를
넘어 차 위에 그림을 그리는
거예요. 이렇게 작품을 그려
넣은 자동차를 말해요.

356 SC

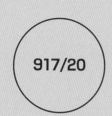

917/20

포르쉐
Porsche

1971

아주 빠른 분홍색 돼지

분홍색 돼지라고 하면 왠지 뚱뚱하고 둔해 보이는 돼지가
떠올라요. 포르쉐의 분홍색 돼지는 상식과는 완전히
딴판이에요. 포르쉐 917 경주 차는 1968년에 선보였어요.
성능을 개선하는 작업이 몇 년 동안 이어졌고, 차체가 좀 더
부푼 모습으로 917/20 경주차가 완성됐어요.
이전보다 뚱뚱해진 듯한 모습을 보며 사람들은 돼지라는
별명을 붙였어요. 포르쉐 측은 이런 별명을 유쾌하게
받아들여서 돼지 색과 비슷한 분홍색으로 경주 차를 칠했어요.
고기의 부위를 점선으로 표시하고 이름까지 적어 넣는 등 진짜
돼지처럼 꾸몄어요. '분홍 돼지'로 불린 경주차는 이름과 달리
매우 빨랐어요. 르망 24시 예선전에서는 가장 빠른 기록을
세웠답니다.

르망 24시
르망에서 열리는 세계적으로
유명한 24시간 자동차 경기
대회를 말해요. 24시간 내내
달리면서 자동차가 얼마나
튼튼하고 빠른지 대결을
펼쳐요. 1923년 이후 매년
6월에 개최되고 있어요.
르망은 프랑스 서북부
사르트강에 면한 상공업
도시예요.

917/20

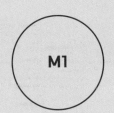

M1

비엠더블유
BMW

1979

BMW 아트 카,
자동차를 화판 삼아 그린 그림

BMW는 아트 카를 전문적으로 만들어내고 있어요. 1975년 첫
번째 차가 나온 이후로 2024년까지 19종이나 나왔어요. 모든
차가 작품이지만 그중에서도 예술가 앤디 워홀이 1979년에
그린 M1 아트 카가 가장 유명해요. 앤디 워홀은 30분 만에 차
위에 그림을 그렸어요. 빨간색, 노란색, 파란색 물감을 뒤섞어
알록달록한 추상화를 만들어냈어요. 자동차가 빨리 달릴 때
차체의 형태와 색상이 흐리게 보이는 현상을 표현했어요.

**앤디 워홀(Andy
Warhol, 1928~1987)**
팝아트를 대표하는
예술가예요. 팝아트는
누구에게나 익숙한 만화,
광고, 상품, 유명인 등을
이용해 이해하기 쉽고
재미있게 표현한 예술을
가리켜요. 앤디 워홀은 수프
깡통, 코카콜라, 마이클 잭슨
등 익숙한 소재를 이용해
작품을 만들어냈어요.

M1

테스타로사

페라리
Ferrari

1984

빨강 머리 휘날리며 뛰어오르는 말

페라리를 대표하는 색상은 빨간색이에요. 페라리의 대표 빨간색은 '로쏘 코르사'라고 해요. 1920년대에 자동차 경주가 활기를 띠면서 참가팀을 구분하기 쉽도록 국가별로 색상을 정했어요. 이탈리아의 대표 색상은 이전부터 경주 차에 사용해오던 빨간색이 되었어요. 나중에 색상 규정이 없어진 후에도 페라리는 빨간색을 계속해서 사용하며 브랜드의 고유한 색상으로 활용했어요.

페라리는 심지어 차 이름에 빨간색을 넣기도 했어요. 테스타로사는 이탈리아 말로 '빨강 머리'예요. 엔진의 윗부분을 빨간색으로 칠해서 붙은 이름이에요. 페라리 엠블럼은 앞다리를 들고 뛰어오르는 말 모양이에요. 페라리 자동차를 종종 말에 비유해요. 테스타로사라는 이름을 들으면 빨간색 갈기를 휘날리며 뛰어오르는 말이 떠올라요.

로쏘 코르사(Rosso Corsa)
페라리의 대표 빨간색 말해요. '경주용 빨간색'이라는 뜻이에요. 로쏘 코르사 외에도 페라리에는 다양한 빨간색이 나와요. 1990년대 초에는 생산된 페라리의 85%가 빨간색이었어요. 지금도 전체 페라리 중에서 빨간색이 40%나 돼요.

Testarossa

크라운 빅토리아

포드
Ford

1996

뉴욕의 명물 옐로 캡

영국 런던에 검은색 블랙 캡이 있다면 미국 뉴욕에는 노란색
옐로(yellow) 캡이 있어요. 1960년대에 불법 택시와 구분하려고
정식으로 등록한 택시를 노란색으로 칠했어요. 노란색이 복잡한
도심에서 눈에 잘 띄는 색이라서 사고를 줄이는 효과를 얻고, 도시의
상징으로 만들려고 한 목적이었어요. 포드 크라운 빅토리아는 옐로
캡에 주로 사용한 차종이에요.

Crown Victoria

© Mic V.

밝히는 헤드램프, 굴러가는 데 필요한 바퀴, 차에 탄 사람이 앉는
시트 등. 대체로 이들 구성품의 개수는 일정하지만 다르게 구성하는
자동차도 있어요. 차의 성격이나 크기 등에 따라 개수가 적거나
많아요. 바퀴만 봐도 대부분 승용차에는 네 개가 달렸지만, 험한 길로
다니는 자동차는 여섯 개나 여덟 개짜리도 있어요. 반대로 어떤 차는
바퀴를 하나 줄여서 세 개만으로 달려요. 차에 타는 인원은 보통 네
명이나 다섯 명이지만, 미니밴처럼 긴 차에는 일곱 명에서 많게는 열한
명까지도 탈 수 있어요. 스포츠카 같은 차는 인원을 줄여서 혼자 또는
둘만 타요. 구성품의 용도나 사용 목적은 같지만, 개수가 달라지면
차의 성능이나 모양에도 변화가 생겨요. 차의 특징을 바꾸거나
분위기를 새롭게 할 때는 구성품 개수를 늘리거나 줄이는 것도 한
방법이에요.

few or many

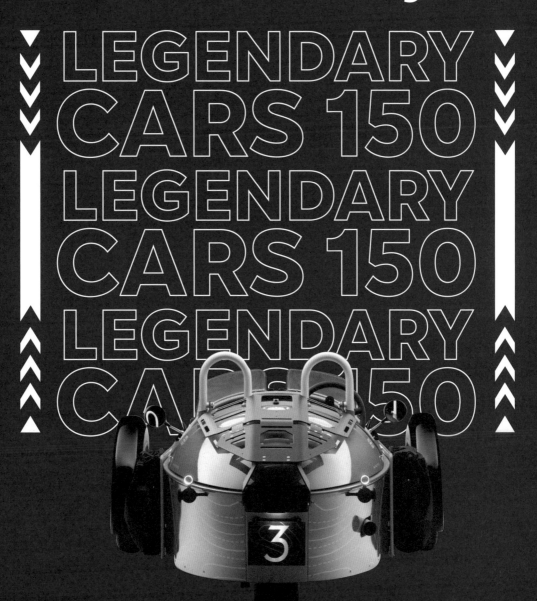

LEGENDARY
CARS 150
LEGENDARY
CARS 150
LEGENDARY
CARS 150

벤츠
Benz

1886

엔진에 실린더가 하나밖에 없어요

자동차는 엔진의 힘으로 굴러가요. 최초의 자동차인
페이턴트 모터바겐은 엔진에 실린더가 하나밖에 없어요.
엔진의 힘은 마력으로 표시해요. 페이턴트 모터바겐 엔진의
출력은 0.75마력이에요. 인간이 순수하게 낼 수 있는 힘의
크기는 0.08마력 정도예요. 0.75마력이면 인간의 힘보다는
강하지만, 요즘 경차의 출력이 70마력대인 점을 고려하면
자동차치고는 아주 작은 힘이에요.

실린더
엔진에 뚫려 있는 구멍이에요.
실린더 안에는 피스톤이라는
부품이 들어 있어서 왔다
갔다 움직이면서 힘을 바퀴로
전달해요. 우리 주변에서 흔히
보는 중형 세단 엔진의 실린더
수는 보통 네 개예요. 요즘에는
실린더가 많아도 12개를 넘지
않아요.

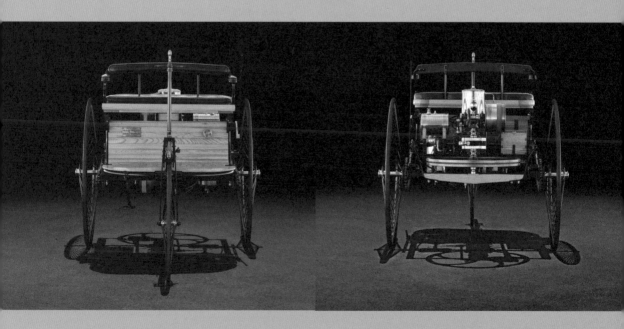

Patent Motorwagen

V16

캐딜락
Cadillac   1930

엔진에 실린더가 16개나 있어요

캐딜락은 예로부터 고급차로 이름을 날렸어요. 차도 크고 엔진도
큰 것을 넣었어요. 캐딜락 V16 모델의 엔진에는 실린더가 16개나
있어요. 1930년대에 실린더가 16개나 있는 엔진을 쓸 정도로 캐딜락
V16은 최고를 추구한 모델이에요. 당시 고급차들은 힘을 경쟁
수단으로 내세웠고, 실린더 수를 늘리는 방법으로 힘을 키웠어요.

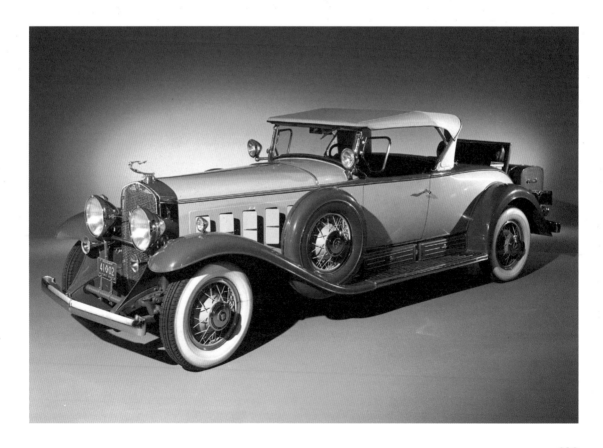

이세타

이소
Iso

1953

Isetta

문이 한 개면 어떻게 탈까요?

두 명이 나란히 앉을 수 있는 2인승 자동차에 문이 하나라면 어디에
달아야 할까요? 운전석이나 동승석 쪽 어디에 달든 한 사람은
불편할 거예요. 이소 이세타는 이 문제를 슬기롭게 해결했어요.
달걀처럼 생긴 작은 2인승 자동차 이세타의 문은 차 앞에 달렸어요.
장난감 같은 자동차의 앞이 열리는 모습이 매우 신기해요. 거품처럼
생겼다고 해서 버블(bubbl) 카라는 별명이 붙었어요. 이탈리아
회사에서 만들던 이세타는 BMW가 생산 권리를 사들이면서 BMW
이세타가 되었어요.

에어로버스

체커
Checker
1968

버스처럼 생긴 승용차

승용차를 버스처럼 만들려면 어떻게 해야 할까요? 차체가 높고 큰 버스와
달리 승용차는 낮고 좁아서 문을 하나만 달고 통로를 만들 공간이 나오지 않을
거예요. 길이를 늘이고 문을 많이 다는 식으로 만드는 수밖에 없어요. 실제로
이런 차를 만들어 팔던 자동차 회사가 있어요. 체커라는 회사는 에어로버스라는
다인승 자동차를 만들었어요. 세단의 길이를 늘이고 문을 많이 달아서
12~15명의 성인이 탈 수 있게 했어요. 차의 길이는 거의 7m(6,852mm)에
가까웠고, 문의 개수만 8개나 됐어요. 공항 셔틀 자동차로 사용할 목적으로
만들었답니다.

Aerobus

© Warren LeMay

에스파스

르노
Renault

1984

많은 사람이 타는 현대적인 미니밴의 시초

짐을 실어 나르는 길쭉한 차를 밴이라고 하는데, 밴의 크기를
줄이고 짐칸 자리에 사람이 앉을 의자를 놓아 만든 차가 미니밴의
시작이에요. 처음부터 사람이 탈 목적으로 만든 현대적인 미니밴은
미국과 유럽에서 거의 비슷한 시기에 등장했어요. 미국에는 닷지
캐러밴, 유럽에는 르노 에스파스예요. 에스파스(Espace)라는
이름은 프랑스어로 '공간'을 뜻해요. 이름에서 공간 활용을 중시한
차라는 사실을 알 수 있어요.

미니밴
보통 7~11명 정도
탈 수 있는 자동차를
가리켜요. 앞좌석(1열)과
뒷좌석(2열)으로 나뉘는
일반 자동차와 달리 사람이
탈 수 있는 좌석이 3열 또는
4열까지 있어요.

Espace

NSX

혼다
Honda

1990

헤드램프가 숨어 있다 튀어나와요

헤드램프가 달리지 않은 차는 없어요. 법으로 정해놓아서
꼭 달아야 해요. 헤드램프가 평소에 보이지 않도록 숨긴
차는 있어요. 차체 안에 숨겼다가 필요할 때 튀어나오는
방식이에요. 마치 튀어나온 개구리 눈처럼 보여요. 주로 멋진
스포츠카에 사용하는데, 규격에 맞는 헤드램프를 사용하면
차체 디자인이 이상해져서 차 안으로 숨겨버려요. 혼다
NSX는 세계 유명 스포츠카와 경쟁하고자 탄생한 일본의
스포츠카예요. 1세대 모델은 헤드램프를 숨긴 구조였어요.
날렵하고 매끈한 차체에 헤드램프 없는 앞모습으로 독특한
개성을 뽐냈어요.

헤드램프
헤드라이트, 전조등이라고도
불려요. 자동차나 기차 등
탈것의 앞에 단 등을 말해요.
어두운 곳이나 밤에 주행할
때 앞을 환하게 비춰줘요.

NSX

셀리카

토요타
Toyota

1993

눈이 네 개 달렸어요

헤드램프는 보통 양쪽에 하나씩 있고 각각이 한 덩어리예요.
어떤 차는 한 덩어리를 두 개로 쪼개놓기도 해요. 헤드램프가
네 개여서 다른 차와 다른 개성이 돋보여요. 토요타
셀리카는 1970년에 선보인 스포츠카예요. 1세대와 2세대
모델, 1993년에 나온 6세대 모델 때 헤드램프를 네 개 달고
나왔어요. 셀리카는 비포장도로를 달리는 자동차 경주인
WRC에서 활약하며 이름을 날렸어요.

**WRC(World Rally
Championship, 월드 랠리
챔피언십)**
전 세계에서 가장 유명한
자동차 경주 대회 중
하나예요. 1973년부터 처음
열린 이후 지금까지 이어지고
있어요. 제한된 서킷이 아니라
다양한 일반 도로를 달리며
경기가 진행돼요. 대부분
비포장도로여서 극한 상황을
견뎌야 해요.

Celica

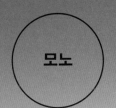

모노

Mono

오로지 한 명만 탈 수 있는 자동차

모노(mono)는 하나 또는 한 사람을 가리키는 말이에요. BAC에서
만든 모노는 이름에서 한 사람이 타는 차라고 말해줘요. 모노는
1인승 스포츠카예요. 무게는 570kg으로 매우 가벼워요. 경차의
무게가 900kg대이니 모노가 얼마나 가벼운지 짐작할 수 있어요.
작고 가볍지만 강하고 빨라서 스포츠카보다 한 수 위인 슈퍼 카로
인정받아요.

모건
Morgan

2012

바퀴가 세 개여도 차는 굴러가요

자동차는 바퀴가 세 개여도 균형만 잘 잡으면 굴러가요.
처음부터 네 바퀴로 해도 될 것을 왜 바퀴가 세 개 있는
삼륜차를 만들었을까요? 삼륜차는 바퀴 두 개인 자전거나
오토바이를 개조한 데서 시작됐어요. 두발자전거보다 바퀴
하나 더 달린 세발자전거가 더 안정적인 원리와 같아요. 삼륜차
하면 바퀴 하나가 앞에 달린 자동차를 떠올리는데, 모건 3
휠러는 바퀴 하나가 뒤에 달렸어요. 옛날 경주 차처럼 생기고
지붕도 없는 독특하면서 멋진 차예요.

삼륜차
바퀴가 세 개 달린 자동차를
말해요. '바퀴 륜(輪)' 자를
써서 삼륜차라고 불러요.

Wheeler

샤먼

아브토로스
Avtoros
2014

지네처럼 다리(바퀴)가 많이 달렸어요

다리 많은 생물 하면 지네가 떠올라요. 자동차 중에도 지네처럼
바퀴가 많이 달린 차가 있어요. 승용차는 대부분 네 개지만 대형
트럭은 바퀴가 열 개를 넘기도 해요. 러시아 제조사 아브토로스에서
만든 샤먼이라는 차는 바퀴가 여덟 개나 달렸어요. 길이가 6m가
넘는 커다란 SUV인데, 마치 특수 임무를 수행하는 군용차처럼
생겼어요. 험한 곳을 다닐 목적으로 만든 차예요.

© АВТОРОС

Shaman

© Kirill Borisenko

8부
기록

자동차는 1886년 처음 발명된 이후 지금까지 140여 년에 이르는 역사를 이어오고 있어요. 지금까지 수만 종의 자동차가 나왔고 수십 억대가 팔렸어요. 디자인, 성능, 기능, 가격 등이 제각각인 다양한 자동차가 140년에 걸쳐서 나오다 보니 기록도 많이 쌓였어요. 작은 차, 큰 차, 오래 달린 차, 많이 팔린 차, 최초로 선보인 자동차, 강한 차, 빠른 차, 기름을 적게 먹는 차, 싼 차, 비싼 차 등. 오랫동안 각 분야에서 위대한 업적을 남긴 차가 많이 생겨났어요. 폭스바겐 비틀은 전 세계에서 최초로 2,000만 대 판매를 돌파했고, 부가티 베이론은 판매용 자동차 중에서 처음으로 시속 400km를 넘겼어요. 타타 나노는 오토바이에 껍데기만 씌운 차라는 평가를 받을 정도로 구성이 간단하지만, 세계에서 가장 싼 자동차라는 기록을 세웠어요. 화려하고 비싼 차만 기록의 주인공은 아니에요. 작고 싼 차도 기록의 세계에서는 당당하게 주인공이 돼요.

비틀

폭스바겐
Volkswagen 1938

세계 최초로 2천만 대나 팔렸어요

저렴해서 누구나 부담 없이 살 수 있어서 인기가 많은 차를
'국민차'라고 해요. 폭스바겐이 만든 비틀은 독일의 국민차예요.
어른 두 명과 아이 셋이 탈 수 있고, 시속 100km로 아우토반을 달릴
수 있어야 하고, 가격은 1,000마크 정도이고, 싸고 튼튼해야 한다는
조건에 맞춰서 만든 차예요. 생김새는 둥글둥글하면서 앞뒤가
비슷하게 생겼어요. 딱정벌레처럼 생겼다고 '비틀(beetle)'이라고
불렀어요. 1938년에 나온 1세대 비틀은 2003년까지 생산됐어요.
1981년에 전 세계에 걸쳐 가장 먼저 판매량 2천만 대를 돌파할 정도로
인기를 끌었어요.

Beetle

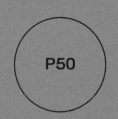

P50

^필

Peel **1962**

판매하는 차 중에서 세계에서 가장 작아요

학교 갈 때 바퀴 달린 배낭을 끌고 다니는 학생이 많아요. 자동차도
바퀴 달린 배낭처럼 끌고 다닐 수 있다면 어떨까요? 타고 다니면
되는 굳이 그럴 필요 없겠죠. 그런데 자동차를 타고 들어갈 수
없는 곳이라면 들고 갈 일이 생길 수 있어요. 그러려면 일단 차가
작아야겠죠. 필 P50은 판매하는 차 중에서는 가장 작은 자동차예요.
길이는 1,340mm, 너비는 980mm이고, 무게는 56kg밖에 안 돼요.
워낙 작아서 운전자가 타면 꽉 차요. 무게가 그리 무겁지 않아서
들어서 끌고 다닐 수도 있어요.

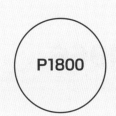

볼보
Volvo   1966

지구 130바퀴에 해당하는 523만km나 달렸어요

다 탄 차를 부숴서 없애는 것을 '폐차'한다고 해요. 차가 낡아 고장이 많이
나서 더는 굴러다니기 힘들면 폐차해요. 자동차의 나이가 정해져 있지는
않아서 관리만 잘해주면 폐차하지 않고 오래 탈 수도 있어요. 승용차는 보통
20만~30만km 타고난 후에 폐차하는데, 볼보 P1800은 520만km 넘게 달린
차가 있어요. 차 주인은 1966년 볼보 P1800을 사서 타고 다니다가 2018년에
세상을 떠났는데, 마지막으로 확인된 주행 거리는 523만km였어요.

P1800

EV1

EV1

지엠
GM

1966

세계에서 맨 처음 선보인 판매용 전기차예요

전기차는 자동차 초창기인 19세기 말에도 있었지만 제대로 발전하지 못하고
사라졌어요. 전기차가 다시 등장했을 때는 1세기 정도 지난 1996년이에요.
판매용으로 나온 첫 번째 전기차는 GM EV1이에요. 한번 충전하면 90~170km
정도 달릴 수 있었어요. EV1은 오래가지 못하고 1999년에 단종됐어요. 자동차
시장을 뒤집어놓을 혁신적인 자동차였지만 꿈을 펼치지 못하고 사라졌어요.
EV1이 나온 이후에도 전기차의 발전은 더뎠어요. 2010년대 중반 들어서야
전기차 시장이 커지기 시작했어요.

토요타
Toyota

1997

하이브리드 자동차 시대를 열었어요

하이브리드는 이것저것 섞여 있다는 '잡종'이라는 뜻이에요.
자동차에서 하이브리드는 엔진과 전기 모터가 함께 있는 차를
가리켜요. 엔진이나 전기 모터가 각각 또는 함께 힘을 내며
달려요. 전기 모터가 엔진을 도와주므로 기름을 덜 먹어요. 태우는
기름이 적으니 오염 물질도 적게 나와요. 판매용으로 맨 처음 나온
하이브리드 자동차는 토요타 프리우스예요. 우리나라 기준으로
프리우스는 기름 1L를 태워서 20km 넘게 달려요. 같은 급의 엔진
자동차보다 5~6km 정도 길어요.

베이론

부가티

Bugatti

2005

판매용 차 중에서 최초로 시속 400km를 넘겼어요

도로의 제한 속도는 보통 시속 100km예요. 과속해서 달려도 시속 200km로
달릴 일은 거의 없어요. 그런데도 자동차 회사들은 빠른 자동차를 내놓아요.
우수한 기술력을 자랑하거나 기록을 세워 명성을 얻기 위해서예요.
판매하는 차 중에서 시속 400km를 처음으로 돌파한 차는 부가티 베이론이에요.
베이론의 출력은 1,001마력이에요. 출력이 160마력 정도 되는 중형 세단
여섯 대를 합친 힘을 내는 거예요. 최고 속도는 시속 407km까지 올라갔어요.
고속철도 KTX가 빠르게 달릴 때 시속 300km이니 베이론이 얼마나 빠른지
알겠죠.

Veyron

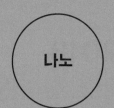

나노

Nano

타타
Tata   **2008**

세계에서 가장 싼 차예요

자동차는 비싼 물건이어서 쉽게 살 수 없어요. 누구나 부담 없이
타게 하려면 가격을 낮춰야 해요. 타타 나노는 2008년 출시
당시 세계에서 가장 싼 차였어요. 우리 돈으로 250만 원 정도에
불과했어요. 인도의 타타 그룹 회장은 가족 여러 명이 위험하게
오토바이를 타고 가는 모습을 보고 싼 차를 만들기로 했어요.
가격을 낮추느라 온갖 장비와 기능을 다 빼는 바람에 껍데기는
자동차였지만 오토바이와 크게 다를 바 없었어요. 가격은
저렴했지만, 시장의 반응은 그리 좋지 않아서 10년 만에 단종됐어요.

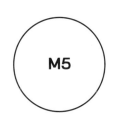

M5

비엠더블유
BMW

2018

8시간 동안 미끄러지며 달렸어요

자동차가 달리는 방법 중에 '드리프트'가 있어요. 차체가 비스듬한
상태로 타이어를 미끄러트리면서 앞으로 나아가요. 자동차
경주에서 굽은 길을 빠져나갈 때 이 방법을 쓰기도 해요. 보통
일시적으로 구사하는 주행 방법인데, 이 상태로 계속 달리는 기록을
세운 차가 있어요. BMW M5는 5시리즈 세단의 힘을 키운 고성능
모델이에요. 서킷 안에서 무려 8시간 동안 374km를 드리프트로
달렸어요. 기름이 모자라면 기름 넣는 차가 옆에서 같이 드리프트
하며 기름을 공급했어요.

루시드
Rucid

2021

에어

전기차 중에 가장 멀리까지 달려요

전기차의 약점은 짧은 주행 거리예요. 초창기 전기차는 한번 충전하면 100km대에 그쳤어요. 기름을 가득 채우면 보통 700~800km씩 가는 엔진 자동차와 비교하면 아주 부족해요. 지금은 기술이 발달해서 400~500km 정도로 늘었어요. 루시드 에어는 고급 대형 전기 세단이에요. 한 번 충전하면 830km까지 달릴 수 있어요. 판매하는 차 중에는 주행 거리가 가장 길어요. 엔진 달린 자동차와 비교해도 큰 차이 없어요.

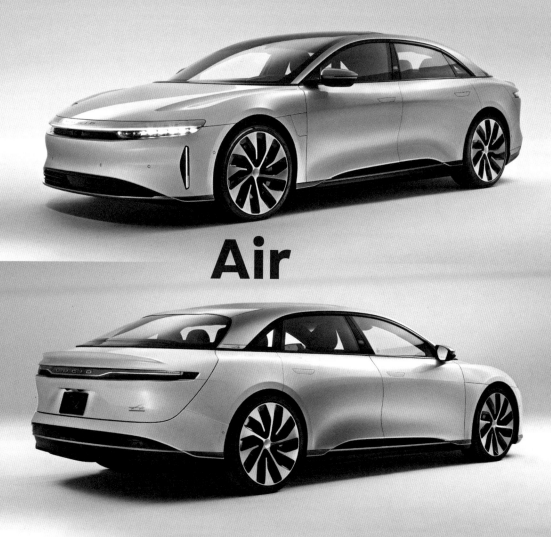

Air

비전 EQXX

메르세데스-벤츠

Mercedes-Benz 2022

한 번 충전하면 1,200km나 달리는 실험용 전기차

판매하는 차와 달리 실험용 자동차나 콘셉트카는 디자인이나 성능을 자유롭게
시도할 수 있어요. 벤츠 비전 EQXX 콘셉트카는 한번 충전하면 1,200km 넘게
달려요. 차체를 매끈하게 디자인해서 공기 저항을 최소화했고 무게도 줄였어요.
독일에서 프랑스를 거쳐 영국으로 이어지는 1,202km 코스를 충전하지 않고
달리며 기록을 세웠어요.

Vision EQXX

9부

성능

자동차의 가장 기본을 이루는 움직임은 달리기예요. 빠르게 달려야만 사람을 태우거나 짐을 싣고 신속하게 이동할 수 있어요. 달리려면 힘이 있어야 하고, 목적지까지 빨리 가려면 속도가 높아야 해요. 자동차 회사들은 초창기부터 힘과 속도를 목표로 세우고 강하고 빠르게 달리는 자동차를 만들려고 노력했어요. 자동차끼리 속도 경쟁을 펼치는 경주는 1894년에 시작됐어요. 1886년 자동차가 최초로 발명된 지 8년 만의 일이에요. 힘이 강하고 속도가 빠른 스포츠카는 자동차의 중요한 분야를 차지해요. 경주차나 스포츠카가 아닌 일반 자동차도 힘을 키우고 속도를 높이는 데 초점을 맞춰서 만들어요. 힘과 속도가 자동차의 기본인 만큼 강하고 빨라야 좋은 차로 여기기 때문이에요. 자동차 역사에는 강하고 빠른 차가 수없이 많이 나왔어요. 지금, 이 순간에도 기록을 깨며 점점 더 강하고 빨라지고 있어요.

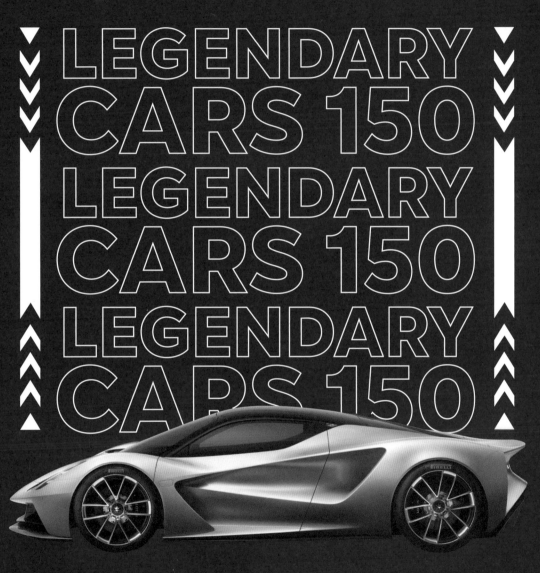

스러스트
Thrust 1997

비행기처럼 생긴 소리보다 빠른 자동차

판매용이 아니라면 굴러가기만 해도 자동차가 될 수 있어요. 얼마나
빠르게 달릴 수 있는지 기록에 도전하는 차는 일반 자동차와 다르게
생겼어요. 오직 속도를 빠르게 내는 데만 목적을 둬서 비행기나
로켓처럼 생겼어요. 스러스트 SSC는 속도 기록을 세운 자동차예요.
날개 없는 전투기처럼 생겼고, 자동차 엔진 대신 가스를 뿜어내
힘을 얻는 비행기용 제트 엔진을 달았어요. 속도는 시속 1,228km를
기록했어요. 소리의 속도(시속 1,224km)보다 빨라요.

© David Merrett

SSC

바이퍼

닷지
Dodge

2008

배기량이 8L가 넘어요

자동차에 힘을 공급하는 엔진의 크기는 배기량으로 나타내요.
엔진 안에는 실린더라는 구멍이 있고, 그 안에서 피스톤이라는
기구가 위아래로 움직이면서 힘을 전달해요. 피스톤은 가스가
폭발하는 힘으로 움직여요. 피스톤이 움직이는 범위의 부피를
배기량이라고 해요. 일반적인 중형 세단의 배기량은 2L예요.
경차 같은 작은 차는 1L로 작아요. 닷지 바이퍼의 엔진에는
실린더가 열 개나 있어요. 각 실린더의 배기량을 다 합치면
8.4L나 돼요. 중형차 엔진 네 개를 합친 것보다 커요.

배기량
실린더 안의 피스톤이
움직이는 범위의 부피로,
자동차에 힘을 공급하는
엔진의 크기를 나타내요.

Viper

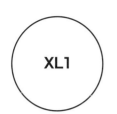

XL1

폭스바겐
Volkswagen

2013

달릴 때 기름을 아주 적게 먹어요

자동차는 엔진에서 연료를 태워서 나오는 힘으로 달려요.
같은 양의 연료를 태워도, '연비'는 차마다 달라요. 보통
자동차는 1L의 연료를 태우면 5~20km 정도 달릴 수
있어요. 폭스바겐 XL1은 연비를 높이는 데 초점을 맞춘
자동차예요. 1L의 연료로 111.1km나 달릴 수 있어요.
연료를 덜 먹도록 차체를 매끈하게 다듬어서 공기 저항을
줄이고 가벼운 소재를 사용해서 만들었어요.

연비
같은 양의 연료를 태웠을
때 얼마나 달릴 수 있는지
나타내는 수치를 말해요.
보통 1L의 연료로 달릴 수
있는 km 수로 표시해요.

XL1

시론

부가티
Bugatti

2016

Chiron

판매용 차 중에 세계에서 가장 빨라요

부가티 베이론은 판매하는 차 중에서는 처음으로 시속 400km 벽을 넘었어요. 베이론 다음에 나온 시론은 속도가 더 빨라졌어요. 베이론은 시속 407km까지 속도가 올라가는데, 시론은 시속 490km를 기록했어요. 공장에서 나온 상태 그대로는 아니고 속도를 높이는 보강 작업을 거쳤어요. 일반 시론도 시속 450km 이상 속도를 낼 수 있는데, 안전을 위해 시속 420km로 제한해뒀어요.

챌린저
SRT
디몬

닷지
Dodge

2017

제로백이 가장 빠른 엔진 자동차

자동차의 성능을 따지는 기준으로 제로백이 있어요. 속도가
0(제로)인 상태에서 시속 100km까지 올리는 데 몇 초가
걸리는지 측정해서 성능을 가늠해요. 숫자가 작을수록
성능이 우수한 차예요. 닷지 챌린저 SRT 디몬은 엔진이 달린
차 중에서 가장 빨라서 1.66초밖에 걸리지 않아요. 보통 3,
4초 대만 되어도 슈퍼 카급 성능으로 인정해요.

제로백
자동차의 속도를 시속
0(제로)~100백(百)km까지
올리는 데 걸리는 시간을
의미해요.

Challenger
SRT Demon

네베라

리막
Rimac

2018

Nevera

제로백이 가장 빠른 전기차

전기차는 전기 모터의 힘이 한꺼번에 쏟아져 나와서 정지 상태에서
출발한 후에 속도가 빠르게 올라가요. 전기차 리막 네베라의
제로백은 1.81초에 불과해요. 눈 깜짝할 새에 속도가 시속
100km까지 올라가요. 리막 네베라는 2021년에 선보인 전기 슈퍼
카예요. 전기 모터 네 개를 돌려서 1,914마력의 힘을 내요. 중형 세단
12대 정도를 합친 힘이에요.

포르쉐
Porsche

2018

뉘르부르크링에서
가장 빠른 기록을 세웠어요

자동차 세계에서는 기록으로 경쟁해요. 어떤 코스를 몇
시간에 달렸는지 재서 우열을 가려요. 독일의 뉘르부르크링
서킷은 자동차 기록 경쟁을 펼치는 유명한 곳이에요. 포르쉐
919 하이브리드 에보는 자동차 경주에 나가는 경주 차예요.
뉘르부르크링에서 5분 19초 546으로 기록을 세웠어요. 5분대는
이 차가 유일해요. 성능이 매우 뛰어난 차는 6분대, 보통 슈퍼
카는 7분대 기록이 나와요.

뉘르부르크링
(Nürburgring)
세계에서 가장 거칠고
위험한 자동차 경주 코스로
유명해요. 길이는 20km
이상이고 굽어지는 코너의
수는 70여 개에 이르는
데다가 높낮이 변동도
심해서 달리기가 쉽지
않아요.

919 Hybrid Evo

바티스타

400m를 가장 빨리 달려요

달리기 경주 하면 100m가 먼저 떠올라요. 인간의 기록은
아직 9초대에 머물러요. 자동차도 달리기 경주를 해요.
보통 400m를 달려서 기록을 재요. 피닌파리나 바티스타는
전기 하이퍼 카예요. 400m를 8.55초 만에 달려요. 자동차
세계에서는 400m를 10초 이내에 달리면 매우 빠른
차로 인정 받아요. 기술이 발전하면서 9초대가 무너지고
8초대에 진입했어요.

Battista

에바이야

로터스
Lotus

2020

전기차 중에 힘이 가장 세요

자동차의 힘은 출력으로 나타내는데, 단위는 마력이에요. '말 한 마리가 내는 힘'이라고 해서 '말 마(馬)' 자를 써서 마력이라고 해요. 실제로는 75kg의 물체를 1초에 1m만큼 올리는 힘을 나타내요. 로터스 에바이야는 전기 하이퍼 카예요. 출력은 무려 2,000마력이에요. 성인 남자의 몸무게를 75kg이라고 한다면, 2,000명을 1초 동안 1m만큼 들어 올리는 엄청난 힘이에요.

출력
엔진이 돌아가는 것을 '일한다'라고 표현해요. 정해진 시간에 얼마만큼 일을 해내는지가 중요해요. 출력은 엔진이 1초에 해낼 수 있는 일의 양을 나타내요. 자동차가 낼 수 있는 가장 큰 힘은 '최고 출력'이라고 해요.

Evija

원

메르세데스-AMG
Mercedes-AMG 2022

뉘르부르크링에서
가장 빠른 판매용 차예요

뉘르부르크링 서킷은 길이가 20km 남짓이고 높이 차이도
300m인 데다가 굽은 길이 많아서 매우 험한 코스로 정평이 나
있어요. 이곳에서 빠른 기록을 세우기는 쉽지 않아요. 판매용
차 중에서는 AMG 원이 6분 30초 705 기록을 세웠어요. 경주
차가 아닌 일반 자동차로는 7분대 벽을 깨기 힘들다고 하는데,
기술이 발달하면서 6분대를 기록하는 차가 하나둘 생겨났어요.
AMG 원은 그중에서 가장 빠른 기록을 세웠어요. AMG 원은
F1 경주 차의 엔진을 갖다 쓰고 전기 모터가 힘을 더하는
하이브리드 자동차예요.

에프원(F1)
국제 자동차 연맹(FIA)이
주관하는 자동차 경주
대회예요. 좁고 긴 차체에
바퀴가 밖에 달린 1인용
경주차를 타고 달려요.
해마다 17~20개의
국가에서 열리며, 각
개최 국가의 이름을 붙여
그랑프리라고 해요.
독일이면 독일 그랑프리죠.

One

베놈 F5

헤네시
Hennessey 2022

엔진 달린 차 중에서 힘이 가장 세요

헤네시 베놈 F5는 엔진을 얹은 자동차 중에서 가장 강력해요. 무려
1,817마력이에요. 강한 차로 소문난 부가티 시론의 1,500마력보다
훨씬 높아요. 강한 힘에 기반해서 세계 최고 속도 기록을 깰 목표도
세웠어요. 헤네시는 그동안 최고 속도 기록에 도전했지만 공식
기록으로 인정받지는 못했어요. 베놈 F5는 시속 500km 벽을 깨려고
벼르고 있어요. F5라는 이름은 회오리바람을 가리키는 토네이도의
가장 강한 등급을 뜻해요.

Venom F5

10부
판매량

전 세계에 굴러다니는 자동차의 대수는 15억 대 정도예요. 가정마다
보유하고 있는 승용차 외에 트럭이나 버스 등 굴러다니는 운송 수단을
다 포함한 숫자예요. 이렇게 많은 자동차가 지구 위에 있는 것은
그만큼 팔렸기 때문이에요. 모든 자동차의 판매 대수가 같지는 않아요.
인기가 높은 차는 많이 팔려요. 반대로 따지면 많이 팔린 차가 인기가
높은 차라고 할 수 있어요. 토요타에서 나온 코롤라 모델은 처음
나온 이후로 지금까지 무려 5,000만 대나 팔렸어요. 크기나 가격이
적당해서 누구나 부담 없이 탈 수 있는 차라 많은 사람이 선택해요.
많이 팔릴수록 자동차 회사는 돈을 벌 수 있어서 좋아요. 하지만 딱 한
대만 팔린 차도 있어요. 개인의 요청을 받아서 자동차 회사가 한 대만
만들어요. 한 대는 아니더라도 일부러 수십 대 또는 수백 대만 만들고
끝나는 차도 있어요. 의미 있는 일을 기념하거나 적은 대수만 만들어서
차의 가치를 높일 목적이에요.

F-시리즈

포드
Ford

1948

4,300만 대

미국에서는 픽업트럭이 많이 팔려요. 픽업트럭은 땅이
넓고 짐 실을 일이 많은 미국 환경에 잘 맞는 차예요. 포드
F-시리즈는 미국 픽업트럭 시장에서 가장 인기 있어요.
1948년 처음 선보인 이래 지금까지 4,300만 대 넘게 팔렸어요.
1981년 이후 지금까지 판매 1위 자리를 40년 넘게 지키고
있어요. 판매량은 1년에 70~90만 대 정도예요. 세단 1위
모델의 30~40만 대보다 두 배 넘게 팔려요.

F-Series

코롤라

토요타
Toyota

1966

5,000만 대

멋지고 화려한 자동차가 많지만 정작 잘 팔리는 차는 무난하고 부담이 덜한 차예요. 가격도 적당하고 크기도 알맞고 생김새도 무난하고 편하게 타고 다닐 수 있는 차가 인기를 끌어요. 이런 차를 대중 차라고 해요. 대중 차 중에서도 소형차나 준중형(소형과 중형 사이)급이 많이 팔려요. 코롤라는 준중형급 모델이에요. 1966년에 처음 나와서 지금도 팔리고 있어요. 지금까지 전 세계에 팔린 수만 5,000만 대가 넘어요.

Corolla

시빅

혼다
Honda

1972

Civic

2,750만 대

전 세계 역대 자동차 판매량 순위에서 5위를 기록하고 있어요. 시빅은 역대 판매량 1위인 토요타 코롤라와 같은 준중형급 자동차예요. 현재까지 2,750만 대가 넘게 팔렸어요. 1972년 태어난 시빅은 이듬해 미국 시장에 진출해 일본 소형차 시대를 연 역사적인 모델이에요. 1970년대 초 미국에서는 자동차에서 나오는 오염 물질을 줄이는 법을 시행했어요. 시빅은 오염 물질을 줄이는 아무런 추가 장치 없이도 이 법을 최초로 통과하면서 당당하게 미국 시장에 진출했어요. 가격이 저렴하고 연비가 높아서 큰 인기를 끌었어요.

파사트

폭스바겐
Volkswagen   1973

Passat

3,100만 대

폭스바겐은 일반인이 많이 사는 대중 차를 대표하는 회사예요. 회사
이름도 '국민(volks) 자동차(wagen)'를 뜻해요. 비틀, 골프, 제타
등 폭스바겐은 인기 많은 모델을 여럿 배출했어요. 파사트도 그중
하나예요. 중형 세단인 파사트는 1973년에 나와서 지금까지 팔리고
있어요. 판매 대수는 전 세계에 걸쳐 3,100만 대에 이른답니다.
폭스바겐은 자동차 이름에 바람을 종종 쓰는데 파사트는 '사막의
돌풍'을 나타내요.

골프

폭스바겐
Volkswagen

1974

3,600만 대

우리나라에서는 트렁크가 튀어나온 세단이 인기가 많아요.
유럽에서는 트렁크가 없는 해치백 자동차가 많이 팔려요.
해치백은 길이가 짧아서 비좁은 도심에서도 여유롭게
달리고 주차할 때도 편해요. 폭스바겐 골프는 유럽을
대표하는 대중 차예요. 1974년에 처음 선보였는데 워낙
인기가 많아서, 골프를 따라 한 비슷한 차가 뒤를 이어
나왔어요. 꾸준하게 인기를 끌던 골프의 인기는 최근 들어
시들해졌어요. 전기차가 인기를 끌면서 엔진 모델만 나오는
골프를 찾는 사람이 줄어들고 있어요.

해치백(hatchback)
사람이 타는 곳과 짐 공간에
구분이 없고, 뒤쪽에 위로
끌어 올리는 문이 달린
자동차예요.

Golf

엑셀레로

마이바흐
Maybach　　　　　**2005**

Exelero

타이어 테스트용 모델에서 귀한 소장품으로

벤츠에 속한 독일의 고급 브랜드 마이바흐에서 딱 한 대만
만든 자동차예요. 타이어 회사에서 제품을 테스트할 목적으로
마이바흐에 의뢰해 탄생했어요. 시속 350km에서도 버티는 고성능
타이어를 개발하는 데 필요한 자동차를 특별히 주문한 거예요.
엑셀레로는 시속 351.45km를 돌파해 타이어 테스트에 맞는 성능을
보여줬어요. 테스트가 끝난 후 타이어 회사에서 이 차를 경매에
내놓아 일반인에게 팔렸어요. 유명 가수한테 넘어갔는데 돈을 내지
못해서 아프리카의 다이아몬드 재벌 손에 들어갔다고 해요.

SP12 EC

페라리
Ferrari 2012

SP12 EC

유명 가수의 바람이 현실로

페라리는 한 사람만을 위한 자동차를 만드는 사업을 적극적으로
펼치고 있어요. SP12 EC는 영국의 전설적인 가수 에릭 클랩턴(Eric
Clapton)의 의뢰를 받아 만들었어요. EC는 에릭 클랩턴의 이름을
나타내요. 에릭 클랩턴은 페라리 512BB라는 모델을 세 대나 소유할
정도로 페라리를 좋아했어요. SP12 EC는 512BB에 기반해서 만든
차예요.

스웹테일

Sweptail

롤스로이스
Rolls-Royce　　　2017

단 한 사람만을 위한 롤스로이스

롤스로이스는 최고급 차를 만드는 회사로 유명해요. 현재 판매하는
모델보다 더 고급스럽고 귀한 차를 소유하고 싶어 하는 고객을 위해
한 대만 주문 제작하기도 해요.

스웹테일은 2017년에 공개됐어요. 한 사람의 고객을 위해 4년에
걸쳐서 수작업으로 만들었어요. 위에서 보면 스웹테일은 마치
요트처럼 보여요. 앞 유리에서 지붕을 거쳐 뒤쪽까지 유리로
이어지는 구조가 독특해요. 어디서도 볼 수 없는 단 한 대만의
개성이 드러나요. 가격은 1,300만 달러(173억 원)로 추정해요.

부가티

Bugatti

2019

250억 원짜리 검은 마차

이름이 어려운 이 차의 뜻은 '검은 마차(La Voiture Noire)'예요.
마차라는 이름이 뭔가 옛날 차처럼 보일 듯한데, 실제로는 최신식
하이퍼 카예요. 이 차는 누군가의 의뢰를 받아서 부가티에서 한 대만
제작했어요. 시론에 기반해서 만들었고, 1930년대 부가티 모델인
타입 57SC 아틀란틱의 디자인 요소를 가져왔어요. 당시 가격은
210억 원이었어요. 부가티에서 판매하는 시론 모델의 30억 원보다
일곱 배나 더 비싸요. 의뢰자는 누구인지 드러나지 않았어요. 부가티
측에서는 '부가티에 열정이 큰 사람' 정도만 알려줬어요.

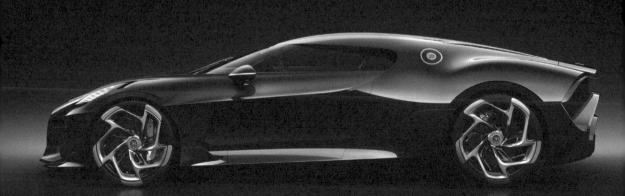

La Voiture Noire

람보르기니
Lamborghini　　2023

람보르기니의 마지막 V12 엔진 모델

자동차 회사마다 기술적 특징이 있어요. 람보르기니는 실린더가
12개인 12기통 엔진을 쓰는 것으로 유명해요. 그런데 이제 12기통
엔진이 사라질 위기에 빠졌어요. 실린더가 많으면 연료를 많이 먹고
그만큼 오염 물질도 많이 나와요. 오염 물질을 줄이도록 하는 법이
갈수록 강화되어서 V12 엔진을 사용하기 힘들어졌어요. 인벤시블
쿠페는 단 한대만 만든 특별한 모델이에요. V12 엔진을 마지막으로
얹는 람보르기니 모델이라 의미가 커요.

Invencible

11부
가격

자동차는 가격이 비싼 제품에 속해요. 작은 경차도 가격이 1,000만
원이 넘어요. 크기가 크고 수많은 부품이 들어가는 데다가 각종 기능을
넣다 보니 다른 공업 제품과 비교해서 가격이 높은 편이에요. 자동차는
팔린 이후에는 원래 가격보다 내려가요. 사용하기 시작하면 가치가
내려가기 때문이에요. 반대로 가격이 오르는 차도 있어요. 유명하거나
역사적으로 가치가 있는 자동차는 시간이 흘러 오래될수록 가격이
올라요. 처음부터 가격이 비싼 차도 있어요. 고급차나 성능이 강한
스포츠카는 대체로 가격이 비싼 편이에요. 고급차 중에서도 수십
대나 수백 대만 나오는 특별 모델은 가격이 비싸요. 대수가 적은 만큼
귀해서 가치를 높게 쳐주는 거예요. 누군가의 요청을 받아 한 대만
만들고 끝내는 차도 있어요. 한 대만 만들려면 설계도 따로 하고 사람
손으로 직접 제작하는 부분이 늘어나서 비용이 많이 들어요. 정해진
가격이 없어서 부르는 게 값이에요.

price

LEGENDARY
CARS 150
LEGENDARY
CARS 150
LEGENDARY
CARS 150

8C 스파이더

알파로메오
Alfa Romeo   1939

1,980만 달러=255억 원(2016년)

알파로메오 8C는 1931년에 선보인 경주 차와 스포츠카예요. 이름에 붙은
8C는 실린더가 8개 달린 엔진을 가리켜요. 차체는 여러 가지 형태로 나왔는데,
1939년에 나온 지붕이 없는 스파이더 모델은 아름다운 디자인으로 명성이
높아요. 지붕이 없는 모델의 정식 명칭은 8C 2900B 룽고 투어링 스파이더예요.
워낙 숫자가 적어서 경매 시장에도 거의 모습을 드러내지 않아요. 2016년에
255억 원에 팔렸어요.

© Andrew Bone

8C Spider

300 SLR

메르세데스-벤츠
Mercedes-Benz 1955

1억 4,200만 달러=1,880억 원(2022년)

1950년대에 나온 벤츠 300 SL은 걸 윙 도어로 유명한 모델이에요. 300 SL의
기반이 된 모델은 쿠페형 경주 차였던 300 SLR이에요. 당시 개발을 담당하던
루돌프 울렌하우트의 이름을 붙여서 300 SLR 울렌하우트 쿠페라고도 불러요.
1956년 경주에 나갈 목표로 두 대를 제작했는데, 1955년 르망에서 벤츠 경주
차가 관중석을 덮쳐서 큰 사고가 나는 바람에 출전하지 못하게 됐어요. 두 대
모두 벤츠 소유였는데, 한대를 경매에 내놓았고 역사상 가장 비싼 1,880억 원에
팔렸어요. 나머지 한대는 박물관에 남아 있어요.

300 SLR

D-타입

재규어

Jaguar

1955

2,178만 달러=280억 원(2016년)

재규어는 고급차 회사로 알려졌는데, 과거에는 자동차 경주에서 이름을
날렸어요. 1953년 르망 24시 경주에서 우승한 C-타입에 기반해 만든 D-타입은
1955년, 1956년, 1957년 르망 24시에서 세 번 연속해서 1등을 차지했어요.
낮은 차체, 공기 저항을 고려해 만든 매끈한 차체, 강력한 250마력 엔진으로
우수한 성능을 뽐내며 자동차 경주에서 대기록을 세웠어요. 원래 100대를 만들
예정이었다가 75대만 생산하는 데 그쳤어요. 2016년 경매에서 280억 원에
팔렸어요.

D-Type

DBR1
로드스터

애스턴마틴
Aston Martin 1956

2,225만 달러=290억 원(2017년)

애스턴마틴에서 1956년에 만든 경주 차예요. 1950년대 자동차 경주에서
페라리와 경쟁하며 이름을 날렸어요. 경주 차여서 지붕은 없고 높이가 낮은
투명한 가림막이 운전자 주위를 둘러싸고 있어요. 당시 경주 차 형태에 맞춘
울룩불룩하고 둥글둥글한 모양이 인상적이에요. 앞에서 보면 물고기나
개구리처럼 생겼어요. 여러 경주에서 우승한 의미 깊은 차인 데다가 단 다섯
대만 생산된 희귀한 모델이어서 경매에서도 높은 가격에 팔려요. 2017년에
경매에서 290억 원을 기록했어요.

DBR1 Roadster

페라리
Ferrari 1962

4,800만 달러=630억 원(2018년)

벤츠 300 SLR이 경매 시장에 나오기 전까지 가장 비싼 차 자리를 지켰어요.
2018년 경매에서 팔린 가격은 630억 원이에요. 1962년에 선보인 250 GTO는
1964년까지 단 39대만 생산됐어요. 경주 차로 출전하려면 인증용 차를
일정한 대수 이상 팔아야 해요. GTO라는 이름은 '경주 인증용(Gran Turismo
Omologato)'이라는 이탈리아어의 머리글자를 따서 만들었어요. 250 GTO는
페라리 모델 중에서 가장 비싸면서도 아름다운 차로 꼽혀요.

250 GTO

코닉세그
Koenigsegg   2009

480만 달러=62억 원

코닉세그는 하이퍼 카를 만드는 스웨덴 회사예요. 1994년에 생겨나
역사는 길지 않지만 빠르게 성장하며 슈퍼 카와 하이퍼 카 시장에서
이름 있는 회사로 우뚝 섰어요. 수작업으로 값비싼 초고성능 하이퍼
카를 만들어요. CCX는 2006년 선보인 모델이에요. CCX를 변형한
모델이 계속 나왔는데 CCXR은 바이오 에탄올을 연료로 사용해요.
CCXR 트레비타는 2009년에 선보였어요. 다이아몬드를 가루 내서
표면에 덮은 특별한 차예요. 2017년 당시 세계에서 가장 비싼 차
자리에 올랐어요.

CCXR Trevita

베네노

람보르기니
Lamborghini 　　　2013

450만 달러=60억 원

람보르기니 회사 설립 50주년을 기념해 나왔어요. 단 세 대만 제작된
한정판이에요. 과격해 보이는 각진 디자인이 인상적인 차예요. 람보르기니
모델 이름은 대부분 투우에 나가는 소 이름을 따서 지어요. 베네노는 1914년
투우에서 활약한 황소 이름이에요. 스페인어로는 '독'을 뜻해요. 차 아래 보면
페인트를 띠처럼 둘렀어요. 띠의 색상에 따라 세 대의 각 차를 베르데(초록색),
로쏘(붉은색), 비앙코(하얀색)라고 불러요. 출시 당시 가격은 450만 달러(현재
60억 원)였어요.

Veneno

HP
바르케타

파가니 존다
Pagani Zonda   2018

1,750만 달러=230억 원

값비싼 자동차는 직접 손으로 만드는 부분이 많아서 아름답고 예술성이 높아요.
파가니는 예술 작품 같은 차를 만드는 하이퍼 카 회사로 유명해요. 파가니 존다
HP 바르케타는 단 세 대만 제작한 한정판 모델이에요. 2018년 출시할 때 가격은
알려지지 않았는데 1,750만 달러로 추정해요(현재 230억 원 정도). 당시에는
판매 중인 차 중에 가장 비쌌어요. 지붕이 아예 없고 낮은 앞 유리만 갖춘 독특한
구조가 특징이에요.

HP Barchetta

센토디에치

부가티
Bugatti

2020

900만 달러=120억 원

2020년에 선보인 부가티 센토디에치는 10대만 만든 한정판이에요. 시작
가격은 120억 원 정도예요. 신차를 발표하기도 전에 이미 10대가 다 팔렸어요.
부가티 역사에는 회사 설립 110주년을 기념해 1992년 나온 EB110이라는
모델이 있어요. 회사가 어려워 사라진 후 부활할 때 선보인 의미 깊은 차예요.
센토디에치는 EB110의 디자인 요소를 가져왔어요. 회사의 역사를 최신
자동차에 담았어요.

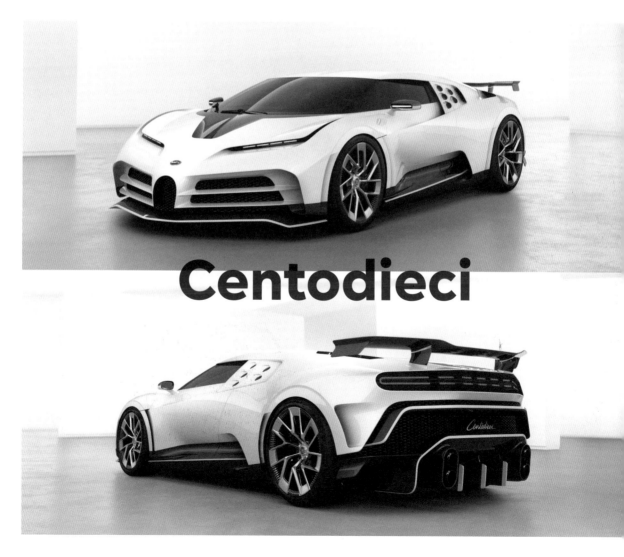

Centodieci

아카디아
드롭테일

롤스로이스
Rolls-Royce 2024

3,000만 파운드=500억 원

롤스로이스는 최고급 브랜드로 인정받는 만큼 차 가격도 비싸요. 국내에서
최고 모델의 가격은 8억 원이 넘어요. 입이 떡 벌어지는 가격이지만 놀라기는
이르러요. 맞춤 제작해서 한 대만 만드는 모델의 가격은 상상을 초월해요.
최근에 선보인 아카디아 드롭테일 모델은 고객의 주문을 받아 4년에 걸쳐
완성한 모델이에요. 차 안의 시계를 만드는 데 연구한 시간만 2년, 조립하는 데
5개월이 걸렸을 정도로 곳곳에 공을 들였어요. 정해진 가격이 없어서 부르는 게
가격인데 3,000만 파운드로 추정해요. 우리 돈으로 500억 원이에요.

Arcadia Droptail

12부
장수 모델

자동차는 일정한 기간이 지나면 새롭게 변신하는 과정을 거쳐요.
오래된 모습과 기능으로는 차를 사려는 사람의 관심을 끌 수 없어요.
시대가 바뀌고 기술이 발전하는 데 맞춰가기 위해서 완전히 새롭게
달라져요. 이렇게 한 번 새롭게 탈바꿈하면 세대가 바뀌었다고 해요.
세상에 한 번만 나오고 끝나는 차도 있지만, 어떤 차는 여러 세대에
걸쳐서 수명을 이어가요. 길게는 몇십 년 동안 같은 이름으로 세대를
바꿔가며 자동차 시장을 지켜요. 쉐보레 서버번이라는 모델은
1935년에 탄생해서 현재 12세대까지 나왔어요. 12번이나 새로운
차로 바뀌는 과정을 거친 거예요. 1963년에 태어난 포르쉐 911은
이름뿐만 아니라 초창기 형태를 지금까지도 유지해요. 같은 이름으로
오랜 세월에 걸쳐서 나오면, 그만큼 사람들이 그 차를 잘 알게 돼요.
세대가 바뀌는 주기는 보통 6년이나 7년이에요.

longevity model

LEGENDARY
CARS 150
LEGENDARY
CARS 150
LEGENDARY
CARS 150

SKYLINE

서버번

쉐보레
Chevrolet   1935

세계에서 가장 오랫동안 끊기지 않고
명맥을 이어가고 있어요

자동차가 새로 나오면 세대가 바뀌었다고 해요. 완전한 새 차가 나오면 1세대,
몇 년 뒤 디자인을 바꾸고 성능을 바꾼 신차가 선보이면 2세대 이렇게 세대를
늘려가요. 쉐보레 서버번은 대형 SUV예요. 1세대는 1935년에 처음 나왔어요.
이후 지금까지 같은 이름으로 주욱 생산되었어요. 현재 모델은 2020년 출시된
12세대예요. 무려 90년 가까이 명맥을 잇고 있어요.

Suburban

트랜스포터

폭스바겐
Volkswagen   1949

짐과 사람 모두에게 알맞은 자동차

짐을 싣거나 사람을 태울 목적으로 만든 밴이에요. 1949년에 처음 나와
지금까지도 생산되고 있어요. 폭스바겐의 첫 모델인 비틀을 타입 1이라 불렀고,
트랜스포터는 두 번째로 나왔다고 해서 타입 2라고 이름 붙였어요. 4세대부터
타입 2를 트랜스포터로 바꿔 불렀어요.

간략하게 1세대는 T1, 2세대는 T2 이런 식으로 구분하기도 해요. 현재 T7까지
나왔어요. T1은 가격이 싸고 생김새가 개성 있어서 전 세계 젊은이의 사랑을
받았어요. T1은 여러 이름이 붙었는데, 사람을 많이 태우는 마이크로버스와
캠핑용 모델인 삼바가 유명해요.

랜드크루저

토요타
Toyota

1951

튼튼하기로 유명한 오프로드용 자동차

험한 길을 달리는 차 하면 SUV를 전문으로 만드는 랜드로버나 지프의 차를 떠올려요. 이들 외에도 험한 길에 특화된 차가 있는데 토요타 랜드크루저도 그중 하나예요. 1951년 출시된 랜드크루저는 지금까지도 생산되고 있어요. 랜드크루저는 잔고장이 없기로 유명하고 내구성이 우수하고 정비하기 쉬운 차로 인정 받아요. 모래사막이 많은 중동에서 별명이 '낙타'일 정도로 인기가 많아요. 도로 사정이 좋지 않고 비포장도로가 많은 지역, 전쟁이 일어난 지역에서는 어김없이 볼 수 있어요.

Land Cruiser

콜벳

쉐보레
Chevrolet 1953

미국을 대표하는 스포츠카

미국 스포츠카 하면 가장 먼저 떠오르는 모델이 콜벳이에요. 1950년대 유럽
스포츠카를 동경하던 미국 시장 분위기에 맞춰 GM은 스포츠카를 만들고
콜벳이라고 이름 붙였어요. 콜벳은 작은 군함을 가리키는 말이에요.
처음에는 수작업으로 300대만 만들었는데 기대 이상의 인기를 끌면서 대량
생산하게 되었어요. 시간이 흐를수록 콜벳은 명성을 얻으며 미국을 대표하는
스포츠카로 발돋움했어요. 현재 8세대 모델까지 나왔어요.

Corvette

S-클래스

메르세데스-벤츠
Mercedes-Benz   1954

자타공인 고급차의 대표 모델

고급차의 대표 브랜드 하면 벤츠를 꼽고, 그중에서도 최고 모델은
S-클래스예요. 1953년 처음 나와서 70년에 이르는 역사를 쌓아
올렸어요. S-클래스라는 이름은 1972년 선보인 4세대 모델부터
쓰였어요. S-클래스는 독일어로 'Sonderklasse(존더클라세)'라고
하는데 '특별한 차급'을 가리켜요. 이름만 특별한데 그치지 않고,
세계 많은 나라의 대통령, 왕실, 기업 총수들이 S-클래스를 즐겨
타요. 나온 지 70년이 흘렀지만, 여전히 고급차의 대표 모델 자리를
지키고 있어요.

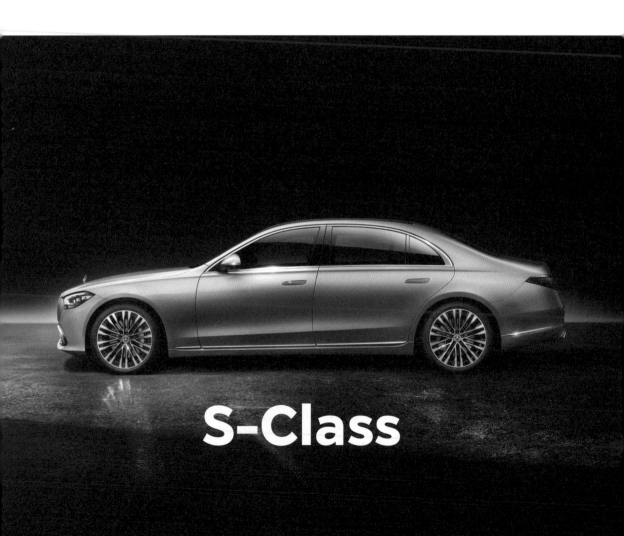

S-Class

스카이라인

닛산
Nissan

1957

13세대까지 나온 일본의 중형차

닛산 스카이라인은 평범하면서도 평범하지 않은 독특한
차예요. 1957년 처음 출시되어서 현재까지 13세대를 이어오는
중형차예요. 스카이라인은 GT-R이라는 고성능 모델로 유명해요.
3세대 스카이라인 때 가지치기 모델로 성능을 강화한 GT-R이
선보였어요. 스카이라인 GT-R은 세대를 거듭하면서 닛산을
대표하는 스포츠카로 자리 잡았어요. 스카이라인 GT-R은 2002년
단종되었다가 2007년 GT-R로 부활했어요.

Skyline

911

개구리 눈 달린 스포츠카의 아이콘

포르쉐 911은 스포츠카 분야에서 상징적인 존재예요. 차체 모양과
개구리 눈처럼 생긴 헤드램프를 초기 모델부터 지금까지 유지하고
있어요. 모양만 봐도 단번에 911인지 알 수 있을 정도로 개성이
확고해요. 스포츠카는 바닥이 낮고 승차감이 딱딱해서 일반
자동차보다 타기 불편해요. 911은 스포츠카의 성능을 유지하면서
일상생활에서도 편하게 탈 수 있는 이중적인 성격이 특징이에요.
처음 나왔을 때 이름은 901이었는데, 다른 자동차 회사에서 가운데
0을 쓰는 모델이 있어서 숫자를 1로 바꾼 911이 되었답니다.

911

머스탱

포드
Ford

1964

스포츠카를 널리 퍼뜨린 주인공

상대적으로 작은 차체에 힘이 좋은 엔진을 얹고 저렴한 가격이 특징인 차를 미국에서는 포니카라고 해요. 포니카의 시초는 1964년에 나온 머스탱이에요. 머스탱이 젊은이들에 폭발적인 인기를 얻으면서 머스탱을 따라 한 차들이 많이 생겨났어요. 세월이 흐르면서 대부분 포니카가 사라졌지만 머스탱은 지금까지 7세대로 이어지며 명맥을 유지하고 있어요. 머스탱은 야생마의 한 종류인데, 자동차 이름은 전투기 P-51 머스탱에서 따왔다고 해요.

Mustang

카마로

쉐보레
Chevrolet 　　　1966

Camaro

부담 없이 즐기는 스포츠카

포드 머스탱이 포니카 시장을 개척하며 선풍적인 인기를 끌자,
경쟁사인 GM은 가만히 있을 수 없었어요. 머스탱이 나온 후 3년
뒤 GM은 쉐보레 브랜드로 카마로를 출시해요. 비록 머스탱보다
뒤늦게 나왔지만 카마로는 머스탱 못지않은 인기를 얻었어요.
5세대 카마로는 영화 〈트랜스포머〉에서 변신 로봇으로 나오며
깊은 인상을 남겼어요. 계속해서 명맥을 이어가는 머스탱과 달리
카마로는 2024년을 끝으로 단종되었어요. 이전과는 완전히 다른
전기차로 부활할 가능성이 남아 있어요.

랜드로버
Land Rover   1970

길이 없는 곳에서도 거침없는 사막의 롤스로이스

레인지로버는 SUV 모델만 만드는 랜드로버 회사에서 나오는 고급차예요.
랜드로버의 초기 모델은 농촌에서 주로 쓰였어요. 귀족들도 SUV가 필요했지만,
농촌에서 주로 타는 차를 귀족용으로 팔기는 힘들었어요. 랜드로버는 귀족들을
위해 레인지로버라는 고급 SUV를 만들었어요. 사막의 롤스로이스라는 별명이
말해주듯, 험한 지형에서 타는 고급 SUV로 명성을 얻었어요. 레인지로버는 현재
5세대 모델까지 나왔어요.

13부
특별하거나 특이한

대부분 자동차는 평범해요. 사람을 태우고 적당한 짐을 싣고 이동하는 목적에 맞는
디자인과 구성을 이뤄요. 주변에 흔히 보이는 가족용 자동차가 일반적인 모습이에요.
특별하거나 특이한 자동차는 일반적인 모습에서 벗어난 구성 요소를 갖췄어요. 디자인,
성능, 구성품, 소재 등을 달리해서 색다른 모습을 보여줘요. 크기가 작은데 실내는
넓거나, 생김새는 평범한데 성능이 매우 강하거나, 두 명이 타야 적당한 스포츠카인데
좌석이 3개이거나, 차체에 철 대신 알루미늄을 썼거나, 물속에서도 다니거나, 교황이
타도록 방탄유리 상자를 달았거나, 비행기처럼 생겼거나…. 상상하지도 못한 특별하고
특이한 모습을 발견할 수 있어요. 이런 자동차는 한 대만 실험적으로 만들거나 적은
대수만 생산해서 주변에서 보기는 힘들어요. 간혹 시트로엥 DS처럼 많이 팔린 대중적인
자동차에도 특별한 요소가 돋보이는 모델이 있답니다.

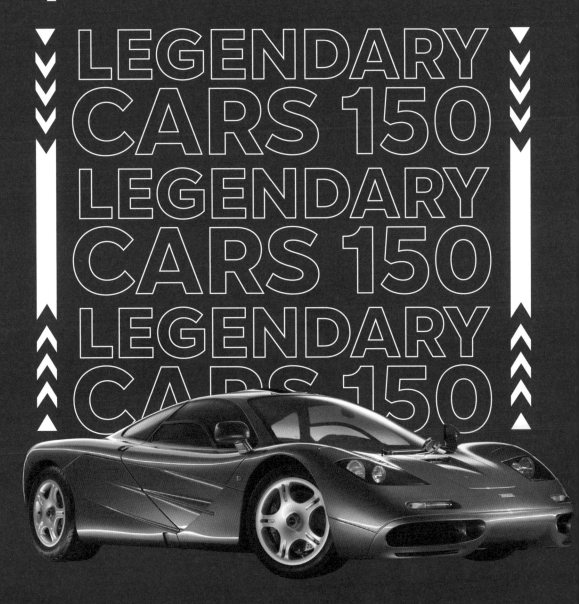

파이어버드 1

지엠
GM

1953

진짜 비행기 닮은 자동차

사람들은 하늘을 나는 자동차를 꿈꿔요. 도로를 달리다가
막히면 날아가면 돼요. 반대로 생각하면 땅 위를 달리는
비행기도 나올 수 있어요. 1953년 GM에서는 비행처럼
생긴 파이어버드를 만들었어요. 차체 양옆에 날개가 달렸고
비행기와 비슷하게 수직 꼬리 날개도 있었어요. 동력도
비행기에 사용하는 가스 터빈을 달았어요. 1950년대에는
파이어버드 말고도 비행기의 요소를 갖다 쓴 실험적인
자동차가 많이 나왔어요.

가스 터빈
가스를 뒤로 뿜어내면서 그
힘으로 앞으로 나가게 하는
장치예요.

Firebird 1

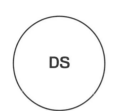

Citroën　　　　　　　1955

DS

뒷바퀴가 막힌 차

자동차 앞바퀴와 뒷바퀴의 차이점은 무엇일까요? 앞바퀴는
방향을 바꾸는 역할을 하므로 좌우로 움직이지만 뒷바퀴는 고정돼
있어요. 자동차의 바퀴 부분은 대부분 뚫려 있는데, 시트로엥 DS는
뒷바퀴 부분을 막았어요. 뒷바퀴 부분이 매끈해져서 공기 저항이
줄어들어요. 뒷바퀴에 이물질이 들어가는 것도 막을 수 있어요. 차
전체에 부드러운 곡선이 이어지고 표면이 매끈해서 DS를 보면 마치
우주선이나 UFO가 떠올라요.

비엠시
BMC

1959

Mini

작지만 넓은 차

미니의 이름은 작다는 뜻이에요. 1950년대 중반 제2차 중동 전쟁이
일어나면서 영국의 기름값이 비싸졌어요. 기름을 덜 먹는 소형차가
인기를 끌었고, 그때 나온 차가 미니예요. 3m 길이 차체에 네 명이
탈 수 있는 '작은 차체 넓은 실내'라는 목표를 세우고, 디자이너이자
엔지니어인 알렉 이시고니스 경이 설계해 완성했어요.
이시고니스 경이 식탁 위 냅킨에 그린 그림에서 미니 디자인이
탄생했다고 해요. 공간을 최대한 확보하려고 차체 바닥 면적을
기준으로 20%는 엔진, 80%는 사람이 타는 공간으로 설계했어요.
BMC라는 자동차 회사에서 만든 미니는 '오스틴 세븐', '모리스 미니
마이너' 두 가지 이름으로 나왔고, 1969년 미니라는 독자적인 이름을
얻었어요.

601

Trabant

1964

골판지라고 불린 플라스틱 자동차

동독의 자동차 회사 트라반트에서 만든 601은 저렴한 소형차예요.
차체는 플라스틱이었는데, 첨단 기술과는 거리가 멀어요. 철판을
구하기 쉽지 않았고, 엔진의 힘이 약해서 차가 무거우면 달리기
힘들었기 때문에 가벼운 플라스틱을 쓸 수밖에 없었다고 해요.
트라반트에 사용한 플라스틱은 당시 동독에 넘쳐나던 목화 섬유를
이용해 만들었어요. 가볍고 녹슬지 않고 오래 갔지만, 충격을 받아
손상되면 수리하기 어려웠고 시간이 지나면 햇빛에 색이 바랬어요.
쉽게 깨지고 볼품없어서 동독에서는 트라반트를 '골판지'라고
불렀답니다.

601

콰트로

아우디
Audi

1980

네 바퀴를 전부 굴리는 자동차

동물은 네 개의 다리로 서 있어요. 네 개로 지탱하니 안정적이고 네 다리로 땅을
박차고 나가니 빠르게 힘차게 달릴 수 있어요. 자동차 바퀴는 네 개인데 실제로
힘이 전달되는 바퀴는 앞 또는 뒤 두 개예요. 나머지는 그저 따라서 굴러갈
뿐이에요. 네 바퀴가 모두 굴러간다면 더 힘차고 안정적으로 달릴 수 있어요.
아우디는 1980년에 네 바퀴에 모두 힘을 전달하는 콰트로라는 차를 내놨어요.
이전까지는 험한 길을 달리는 트럭 같은 차에만 네 바퀴를 굴리는 장치를
사용했어요. 콰트로는 승용차인데도 네 바퀴를 굴려요. 콰트로는 안정적인
달리기 실력을 발휘해서 비포장도로를 달리는 랠리에서 우수한 성적을
거뒀어요.

Quattro

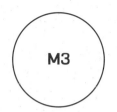

M3

비엠더블유
BMW

1986

양의 탈을 쓴 늑대

스포츠카는 납작하고 날렵하게 생겼지만 꼭 그렇지만은 않아요. 일반 자동차의 성능을 키워서 스포츠카로 만들기도 해요. BMW M3는 일반 3시리즈 세단이나 쿠페에 강한 엔진을 얹어서 스포츠카처럼 만든 차예요. 평상시에는 일반 자동차처럼 타고 다니다가 역동적인 운전을 즐기고 싶을 때는 스포츠카의 성능을 경험할 수 있어요. 평범하게 보이지만 강한 성능을 숨기고 있어서 이런 차를 '양의 탈을 쓴 늑대'라고 불러요.

3시리즈 세단
BMW는 모델 이름을 숫자로 표시해요. 1부터 8까지 숫자를 사용하는데, 차의 크기에 따라 붙여요. 3시리즈는 준중형급 세단이에요. 중형 세단은 5시리즈, 대형 세단은 7시리즈예요.

M3

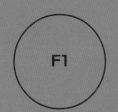

맥라렌
McLaren 1993

세 명이 타는 슈퍼 카

스포츠카는 보통 운전자와 동승자 두 명이 타는 구조로 되어 있어요.
뒷좌석은 아예 없거나 있어도 작은 짐만 들어갈 정도로 비좁아요.
스포츠카에 세 명이 탄다면 어떻게 좌석을 어떻게 구성해야 할까요?
1993년에 나온 맥라렌 F1은 스포츠카보다 좀 더 강한 슈퍼 카예요.
희한하게도 운전석이 한가운데 있어요. 무게가 좌우 어디로 쏠리지
않아서 균형이 좋아져요. 운전석 양옆에는 보조 시트를 달아서 운전자
포함 세 명이 탈 수 있어요.

F1

프롤러

플리머스
Plymouth   1997

Prowler

앞바퀴가 밖으로 튀어나왔어요

1900년대 초반 옛날 차를 보면 대부분 바퀴가 밖으로 튀어나와
있어요. 자동차는 마차에서 발달한 거라서 바퀴의 구조가 마차와
비슷했어요. 바퀴가 튀어나와 있으면 속도를 올리는 데 걸림돌이
되고, 바람이 부딪히는 소리가 시끄럽게 나고, 공기 저항이 생겨서
연료도 더 들어가요. 이런 사실이 밝혀지면서 바퀴는 차체 안쪽으로
들어가는 구조로 바뀌었어요.
플리머스 프롤러는 1997년에 나온 현대적인 차인데도 바퀴가
밖으로 튀어나와 있어요. 옛날 차와 비슷한 디자인으로 멋을 내려고
일부러 그렇게 만들었어요.

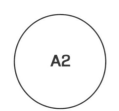

A2

아우디
Audi

1999

차체 전체를 알루미늄으로 만든 자동차

알루미늄은 잘 가공하면 철만큼 단단해져요. 무엇보다 철보다
가벼워요. 자동차의 무게를 줄이면 움직임도 좋아지고 기름도
덜 먹어요. 그런데 알루미늄으로 만든 차는 드물어요. 철보다
알루미늄이 비싼 데다가 가공하기도 어려워서 그래요.
알루미늄만으로 만든 차는 값비싼 고급차에 일부만 있어요.
아우디 A2는 소형차예요. 이미 대형 세단 A8을 알루미늄으로
만들었던 아우디는 소형차 A2를 알루미늄으로 만드는
파격적인 시도를 했어요. 무게는 경쟁 차보다 200kg 정도
가벼운 895kg에 불과했어요.

알루미늄(aluminium)
은백색의 가볍고 부드러운
금속 원소예요. 가볍고
단단해서 항공기와 자동차의
주요 소재이고 인체에 해가
없어서 음료수 캔, 조리용
도구, 식기, 호일 등 생활용품
소재로도 많이 쓰여요.

A2

지나

비엠더블유
BMW

2008

은빛 망토 두르고 나타난 미래의 패션모델

자동차의 겉을 둘러싼 판의 재료는 주로 철이에요. 간혹 단단한
플라스틱을 쓰기도 하죠. BMW 지나는 상식을 뒤엎고 차체를
천으로 두른 자동차예요. 마치 멋진 은색 망토를 두른 패션모델 같은
모습이에요. 금속 뼈대 위에 천을 팽팽하게 둘러서 차의 모양을
표현했어요. 문처럼 움직이는 부분에서는 늘어나고 주름지는 천의
특성이 그대로 드러나요. 뼈대를 변형하거나 천의 색상을 바꾸면
디자인과 분위기가 달라져요. 마치 새 옷을 갈아입듯이 말이에요.
지나는 판매하려고 만든 차는 아니에요. 미래 자동차 기술을
보여주려고 만든 콘셉트카예요. 언젠가는 사람이 옷을 입듯이 천을
씌우는 지나 같은 자동차가 나올 거예요.

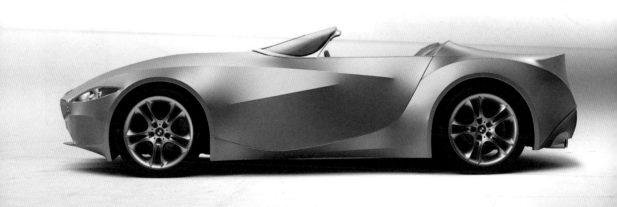

GINA

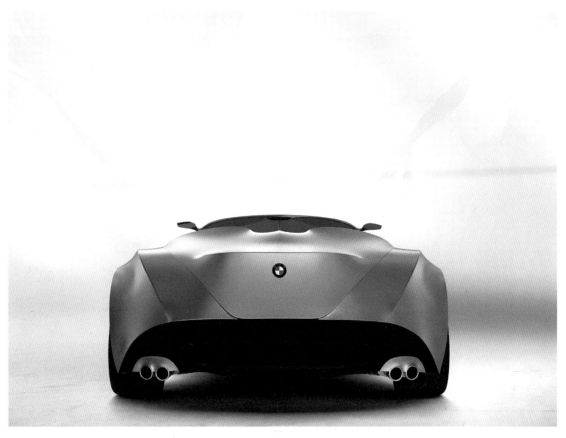

스쿠바

린스피드
Rinspeed   2008

땅과 물속을 동시에 달리는 수륙양용 자동차

하늘을 나는 자동차와 더불어 물 위를 떠다니는 자동차도 사람들이 꿈꾸는 이동
수단이에요. 린스피드 스쿠바는 물 위를 떠다니는 데 그치지 않고 잠수도 할 수 있는
자동차예요. 스포츠카인 로터스 엘리스를 이용해 만들어서 모양은 배가 아니라 자동차
모습 그대로예요.

스쿠바는 전기로 움직여서 오염 물질을 내뿜지 않아요. 지붕이 없는 구조여서 물속에
들어가려면 탑승객은 잠수복을 입어야 해요.

스쿠바(sQuba)의 이름은 휴대용 수중 호흡 장치를 가리키는 영어 '스쿠버(scuba)'에서
비롯됐어요. 스쿠버 다이빙은 호흡 장치를 갖추고 물속에 들어가는 것을 말해요. 차
이름에서 이미 잠수할 수 있는 특징을 보여주고 있어요.

수륙양용
물(水) 위에서나
땅(陸, 뭍 륙) 위에서나
두루 쓸 수 있는 것을 말해요.

sQuba

더스터

다치아
Dacia

2010

포프모빌, 교황이 타는
유리 박스 달린 방탄차

포프모빌은 특정한 한 회사만 만들지 않아요. 자동차
회사들이 기증하는 차를 활용하므로 그때그때 차종이
달라져요. 포프모빌은 일반 자동차 뒤쪽에 방탄 유리
박스를 설치해서 교황이 일어선 채로 탈 수 있어요.
고급차뿐만 아니라 평범한 대중 차도 포프모빌로 쓰여요.
루마니아 자동차 회사 다치아에서 판매하는 더스트는
저렴한 SUV예요. 2019년에 포프모빌이 되는 영광을
얻었어요.

**포프모빌
(Popemoblie)**
가톨릭의 최고 지도자는
교황이에요. 교황이 타는
차를 포프모빌이라고
해요. 포프(pope)는 교황,
모빌(mobile)은 이동 수단을
뜻해요.

Duster

14부
유명하거나
인상 깊은

자동차 역사 140년 동안 수만 종의 자동차가 나왔어요. 그중에
전 세계인의 기억 속에 남아 있는 자동차는 일부분이에요. 특정한
지역에서는 유명하고 인기 있더라도 전 세계에 이름을 알리기는
어려워요. 자동차 마니아 사이에서는 잘 알려진 차가 일반인에게까지
유명하지는 않아요. 누구에게나 잘 알려지려면 특별한 모습이나
성질을 보여줘야 해요. 우연한 기회를 얻어 전 세계인에게 알려진
차가 있어요. 영화에 나와서 개성 넘치는 모습을 보여주거나, 만화에
등장해 멋진 활약을 펼치거나, 누구도 깨지 못한 인상적인 기록을
세우거나, 국가 원수처럼 유명한 사람이 타거나, 전에 없던 새로운
시장을 개척하거나, 전 세계 곳곳에 팔리거나, 이전과 다르게 성격이
급격하게 변화한 차는 관심을 끄는 데 유리해요. 한번 이름을 알린
차는 오래도록 사람들의 입에 오르내리면서 자동차 역사의 한 부분을
장식해요.

famous or impressive

LEGENDARY
CARS 150
LEGENDARY
CARS 150
LEGENDARY
CARS 150

PPW 306R

타입 C
스트림라인

아우토 우니온
Auto Union

1937

1930년대에 일반 도로에서
시속 400km 돌파

자동차도 저항을 줄이려고 유선형으로 만들어요. 아우디
타입 C 스트림라인은 타입 C 경주 차를 유선형으로
개조한 모델이에요. 공기의 흐름을 연구하고 속도
기록을 세울 목적으로 만들었어요. 스트림라인은 일반
도로에서 시속 400km를 넘어서는 대기록을 세웠어요.
유선형 차체가 기록을 세우는 데 한몫했답니다.

스트림라인(streamline)
유선형이라고 하는데,
저항을 가장 적게 받는
모양을 가리켜요. 보통
앞쪽은 둥글고 뒤는 뾰족한
모양이에요. 물방울,
비행기의 몸체, 상어의 몸
등이 유선형이에요.

Type C
Stremline

캐딜락
Cadillac

1959

〈고스트 버스터즈〉, 귀신 잡는 자동차

〈고스트 버스터즈〉는 귀신 잡는 내용을 다룬 재미난 영화예요. 영화
속에는 귀신을 잡을 때 쓰는 자동차가 나와요. 이름은 '엑토-1'인데
1959년형 캐딜락 밀러 미티어 퓨투라 듀플렉스 구급차를 개조해서
만들었어요. 차 안에는 대원이 장비를 들고 탈 수 있는 여유로운
공간을 갖췄고, 지붕에도 각종 장비를 실었어요. 이 차처럼 트렁크
위쪽까지 짐 공간으로 구성한 차를 왜건이라고 해요. 여러 사람과
많은 짐을 실어야 하는 고스트 버스터즈 대원들에게 알맞은 차예요.

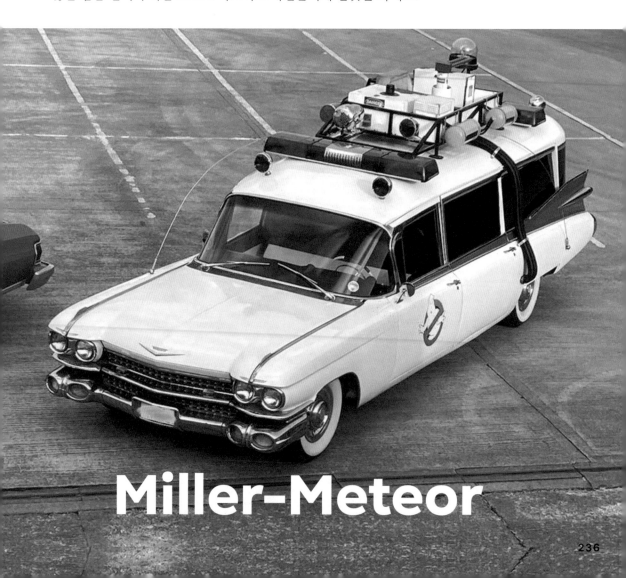

Miller-Meteor

에스프리

로터스
Lotus
1975

⟨007, 나를 사랑한 스파이⟩, 잠수함 자동차

007은 특수 임무를 담당하는 첩보 기관의 비밀 요원이에요. 기발한 무기와
장비를 이용해 임무를 수행해요. 잠수함 자동차도 007의 특별한 장비예요.
로터스사의 에스프리를 개조해서 만들었어요. 영화 속 장면만을 위해 만든
차여서 육지에서는 달릴 수 없지만 물속에서는 실제로 움직일 수 있어요. 하지만
실제 잠수함처럼 완전하지 않아서, 촬영할 때는 해군 특공대 출신이 스쿠버
장비를 착용하고 운전했어요.
잠수함 자동차의 이름은 '웨트 넬리(Wet Nellie, 물에 젖은 넬리)'예요. 007
다른 영화에 나와 공중에서 활약한 소형 항공기 '리틀 넬리' 이름에서 영감을
얻었어요.

Esprit

들로리언
DeLorean   1981

〈백 투 더 퓨쳐〉, 타임머신 자동차

과거나 미래로 시간대를 옮겨 다닐 수 있게 해주는 장치를
타임머신이라고 불러요. 현실에서는 불가능하지만, 영화 속에서는
다양한 형태의 타임머신이 나와서 시간 여행의 도구로 쓰여요.
〈백 투 더 퓨쳐〉라는 영화에는 자동차가 타임머신으로 나와요.
들로리언 DMC-12를 이용해 만든 타임머신은 시속 140km를
넘기면 시간을 넘나들 수 있어요. 영화 속에서 타임머신 자동차는
평상시에 엔진을 이용해 달리고, 시간 여행을 할 때는 전기 장치의
힘을 빌려서 속도를 냈어요.

DMC-12

폰티액
Pontiac 1982

〈나이트 라이더〉, 자율 주행 인공지능 자동차 키트

자동차가 사람처럼 생각하고 말하고 행동한다면 친구가 될 수 있을까요?
드라마 〈나이트 라이더〉에는 '키트'라는 자동차가 나와요. 인공지능을 갖춰서
스스로 생각하고 상황을 판단해서 알아서 달리며 주인공을 도와요. 형사 출신
비밀 요원 주인공과 함께 임무를 수행하며 다양한 능력을 발휘해요. 키트는
폰티액 파이어버드 트랜스 앰이라는 자동차를 개조해서 만들었어요.
파이어버드 트랜스 앰은 강력한 성능과 미래지향적인 디자인 특징 때문에 영화
주인공이 될 수 있었답니다.

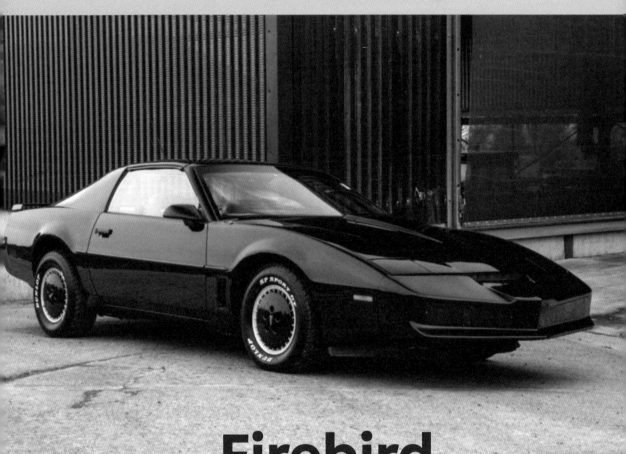

Firebird
Trans Am

AE86

토요타
Toyota

1984

만화 〈이니셜 D〉에 나온
드리프트 잘하는 두부 배달차

만화 〈이니셜 D〉는 일반 도로에서 경주를 벌이는 내용을
담았어요. 두붓집 아들인 주인공 타쿠미는 매일 고갯길을 넘어
다니면서 두부를 배달해요. AE86이라는 평범한 차를 타고
고갯길에서 드리프트를 비롯해 운전 기술을 익혀요.
AE86의 정식 이름은 '스프린터 트레노'예요. 토요타에서 나오는
스프린터라는 자동차의 역동성을 강화한 모델에 트레노라는
이름을 붙였어요. AE86은 차대를 표시하는 기호예요. 당시
일본에서 자동차 마니아들은 스포츠카의 차대 기호를 이름 대신
불렀어요. AE86은 움직임이 가볍고 민첩해서 운전의 재미가 큰
모델이에요.(사진 속 차는 예전 차를 2023년에 현대적으로 개조한
콘셉트카예요.)

드리프트(drift)
자동차의 바퀴를
미끄러뜨리는 운전
기술이에요. 자동차 경주를
할 때 굽은 구간에서 더 빨리
달릴 때 드리프트 기술을
이용해요.

차대
섀시(chassis)라고도 해요.
사람의 뼈대에 해당하는
자동차의 구조물을 말해요.
차대에는 뼈대 같은
구조물에 엔진을 비롯해
달리는 데 필요한 장치가
달려 있어요.

AE86

XJ220

재규어
Jaguar

1992

세계에서 가장 빠르면서 비싼 차

스포츠카 세계에서는 성능의 기준이 되는 속도를 중요하게
여겨요. 1980년대 후반에는 스포츠카보다도 한 단계 더 강한 슈퍼
카 경쟁이 한창이었어요.

재규어는 XJ220이라는 차를 내놓았어요. 220은 목표하는
최고 속도인 시속 220마일을 가리켜요. 시속 220마일은 시속
354km예요. KTX가 시속 300km로 달리니, 1990년대 초반에
시속 354km면 매우 빠른 속도죠. XJ220의 실제 속도는 시속
220마일보다는 조금 낮은 시속 212마일(시속 341km)이었지만,
그 속도 역시 세계에서 가장 빨랐어요. XJ220은 당시 판매용 차
중에는 가장 빨랐고, 가격도 47만 파운드로 가장 비쌌어요.

마일
마일(mile)은 거리 단위로,
기호는 mi 또는 mil이에요.
1mil은 1.6km예요.

XJ220

도로 위의 제왕으로 불리는 평범한 스포츠카

스포츠카 하면 매끈한 차체와 날렵한 디자인이 떠올라요. 미쓰비시 랜서 에볼루션은 보통 스포츠카와 다르게 일반 자동차를 스포츠카로 만든 차예요. 평범하고 저렴한 랜서라는 승용차를 스포츠카로 개조하고 '에볼루션(진화)'이라는 이름을 덧붙였어요. 랜서 에볼루션을 줄인 '란에보'라는 이름으로 잘 알려졌고, 일반 도로(공도)에서 최강의 성능을 발휘한다고 해서 '공도의 제왕'이라는 별명이 붙었어요. 란에보는 세계 랠리 대회에서도 우수한 성적을 거뒀어요. 란에보와 비슷한 자동차로는 스바루 임프레자가 있어요.

Lancer Evolution

카마로

Camaro

쉐보레
Chevrolet   2007

〈트랜스포머〉, 로봇으로 변신하는 자동차

자동차가 로봇으로 변하는 장난감을 어릴 때 한 번쯤은 가지고
놀아요. 영화 〈트랜스포머〉에서는 장난감 수준을 넘어 자동차가
정교하고 거대한 로봇으로 변신해요. 대형 트럭, 픽업, 스포츠카,
SUV 등 다양한 차가 로봇으로 변신하는데 그중에서도 범블비가
유명해요.

범블비의 기본이 된 차는 쉐보레 카마로예요. '범블비(bumblebee)'는
벌의 한 종류예요. 영화 속 카마로는 노란색 차체에 까만 줄이
그어져 있어서 벌처럼 보여요. 범블비의 대사에도 '벌처럼 쏜다'라는
말이 나와요.

원

One

캐딜락
Cadillac   2018

움직이는 백악관

각 나라의 대통령이나 국왕은 안전을 위해 평소에 이동할 때
방탄차를 타요. 일반 자동차로는 방탄 성능을 만족할 수 없어서 따로
개조 과정을 거쳐요.
방탄차 중에는 미국 대통령의 방탄차인 '캐딜락 원'이 유명해요.
캐딜락이 만든 캐딜락 원은 길이 5.5m, 무게 9톤에 이르는 크고
무거운 차예요. 개발하는 연구비로만 170억 원을 투입했고, 차
가격은 17억 원에 이르러요. 지뢰가 터져도 끄떡없고, 타이어에
펑크가 나도 시속 80km 속도로 달릴 수 있어요. 비상시를 대비해
혈액 공급 장치도 갖추는 등 '움직이는 백악관'이라고 할 정도로
다양한 시설을 갖췄어요. 워낙 무겁고 커서 '야수'라는 별명이
붙었어요.

© GPA Photo Archive

지엠시
GMC

2021

허머

최악의 연비에서 친환경 전기차로

차가 크고 무거우면 움직이는 데 힘이 더 들어서 기름을 많이 먹어요. 한때
기름을 얼마나 소비하는지 따지지 않고 차를 만들던 적이 있어요. 크고 무거운
차가 많이 나왔는데 허머도 그중 하나예요. 길이는 4.68m이고, 너비는 2.2m나
되었는데, 무게가 3.27톤이나 나갔어요. 기름 1L로 3km 정도밖에 달리지
못했어요. 기름값이 올라 기름을 덜 먹는 차가 인기를 끌면서 허머는 2010년
단종됐어요. 차뿐만 아니라 브랜드 자체가 없어졌어요.
크고 무겁고 기름 많이 먹는 차의 대명사 허머는 2020년 전기차로 다시
등장했어요. 무게는 4톤이 넘어 이전보다 더 무겁지만, 전기차여서 오염 물질을
내뿜지 않아요. 기름 많이 먹는 차에서 기름을 아예 먹지 않는 차로 바뀌었어요.

N 비전 74

현대
Hyundai

2022

수소 연료전지 스포츠카

현대 N 비전 74는 전기 스포츠카예요. 전기로 달리는 전기차인데 수소 연료에서
전기를 얻어요. 다른 전기차처럼 배터리를 충전한 다음에 달리지 않고, 수소를
연료 탱크에 채운 후에 화학 반응을 일으켜서 전기를 차 안에서 직접 만들어내요.
N 비전 74는 680마력의 큰 힘을 낸답니다.

이름 뒤에 붙은 74는 1974년 선보였던 현대 포니 쿠페의 공개 연도를 가리켜요.
포니 쿠페의 디자인을 현대적인 모습으로 다시 그려냈어요. 그동안 제대로 된
한국산 스포츠카는 거의 없었어요. N 비전 74는 한국산 스포츠카로 큰 기대를
모으고 있어요.

N Vision 74

ⓒ 임유신 2025

초판 1쇄 2025년 2월 7일

지은이 임유신
펴낸이 정미화 **기획편집** 정미화 이정서   **디자인** 형태와내용사이
펴낸곳 이케이북(주) **출판등록** 제2013-000020호 **주소** 서울시 관악구 신원로 35, 913호

전화 02-2038-3419 **팩스** 0505-320-1010   **홈페이지** ekbook.co.kr   **전자우편** ekbooks@naver.com

ISBN 979-11-86222-59-1 74550
ISBN 979-11-86222-49-2 (세트)